BIBLIOTHÈQUE
DES MERVEILLES

PUBLIÉE SOUS LA DIRECTION
DE M. ÉDOUARD CHARTON

LES GRANDS FROIDS

PARIS. — TYPOGRAPHIE DU MAGASIN PITTORESQUE
(JULES CHARTON, ADMINISTRATEUR DÉLÉGUÉ)
rue des Missions, 15

BIBLIOTHÈQUE DES MERVEILLES

LES

GRANDS FROIDS

PAR

ÉMILE BOUANT

ANCIEN ÉLÈVE DE L'ÉCOLE NORMALE

OUVRAGE ILLUSTRÉ DE 31 VIGNETTES

PAR TH. WEBER

PARIS

LIBRAIRIE HACHETTE ET Cie

79, BOULEVARD SAINT-GERMAIN, 79

—

1880

INTRODUCTION

Nous estimons d'habitude l'état calorifique d'un corps par l'impression qu'il produit sur la main. Le corps nous semble chaud ou froid suivant qu'il donne de la chaleur à la main ou qu'il lui en enlève. Mais le jugement que nous portons ainsi est incomplet et sujet à bien des erreurs. Il nous suffira de le montrer par quelques exemples.

Plongeons la main droite dans un vase rempli d'eau très froide, la gauche dans un second vase rempli d'eau très chaude. Après quelques instants d'attente, sortons les mains du liquide et plongeons-les toutes les deux à la fois dans de l'eau tiède : nous la trouverons chaude à la main droite, froide à la gauche.

Voici, rapprochées l'une de l'autre, une plaque de cuivre et une de bois : la main, étendue de façon à s'appuyer sur les deux plaques, trouve la première beaucoup plus froide que la seconde, quoiqu'elles soient certainement toutes les deux dans le même état calorifique. C'est que le cuivre, qui conduit bien la chaleur, refroidit la main beaucoup plus rapidement que ne le fait le bois.

Je suis dans la campagne, exposé au froid le plus vif, je retire mon gant et j'applique ma main sur mon visage. Mon visage est glacé, la main me semble chaude; je la pose sur ma poitrine, qui est chaude, la main me semble glacée.

Lorsqu'il s'agit d'apprécier le degré de chaleur ou de

froid de l'air, que nous ne pouvons toucher directement, les erreurs sont encore plus faciles. L'impression produite sur l'organisme entier dépend alors de mille circonstances : de notre état de santé ou de maladie, des vêtements qui nous couvrent, de l'endroit d'où nous sortons... De plus, la sensation ne laissant aucune trace, il est absolument impossible de comparer le froid éprouvé à deux époques différentes, si peu éloignées qu'elles soient.

Aussi, dès le dix-septième siècle, les savants ont-ils senti le besoin d'imaginer un instrument précis, susceptible de nous renseigner exactement sur le froid et le chaud, susceptible en même temps de traduire par des nombres l'état calorifique des divers corps avec lesquels on le met en contact : cet instrument se nomme le thermomètre. Après maintes transformations, il est arrivé à la disposition que nous allons indiquer.

Dans une petite boule de verre munie d'un col très long et extrêmement étroit, *a*, on introduit un liquide, alcool ou mercure; puis on ferme le col à la lampe.

Si nous plongeons le petit appareil ainsi construit dans de l'eau chauffée, nous remarquerons que le liquide s'élève de plus en plus dans le col à mesure que l'eau devient de plus en plus chaude. C'est qu'il se produit une augmentation de volume sous l'action de la chaleur : cet effet se nomme dilatation.

Qu'on enlève le feu, nous verrons le niveau baisser peu à peu, pour revenir à la hauteur primitive quand le refroidissement sera complet.

De là il faut conclure : d'abord, que le liquide augmente de volume en s'échauffant, diminue de volume en se refroidissant; ensuite, qu'à chaque état calorifique du liquide correspond un volume déterminé, de telle sorte que le niveau dans la tige reviendra le même chaque fois que l'appareil sera placé dans les mêmes conditions de chaleur.

Nous pouvons donc, en marquant une graduation sur la tige, définir les divers états calorifiques par les numéros en face desquels s'arrêtera le liquide dans chaque cas.

Pour que les indications ainsi obtenues soient comparables entre elles, il suffit de faire des conventions auxquelles chacun se conformera.

Les conventions universellement adoptées aujourd'hui sont fondées sur les faits suivants : 1° Le thermomètre, plongé dans la glace fondante, c'est-à-dire dans la glace placée depuis plusieurs heures dans une pièce chauffée, s'arrête à un niveau fixe qui ne dépend ni de l'origine de la glace, ni du froid extérieur, ni de la chaleur de l'appartement. En ce point, on place l'origine de la graduation, le degré zéro. 2° Le même appareil, placé dans la vapeur d'eau bouillante, monte beaucoup plus haut par suite de la dilatation, et finit par s'arrêter à un nouveau point fixe, indépendant de l'eau choisie et du feu qui la fait bouillir. Ce second point fixe détermine le centième degré de la graduation.

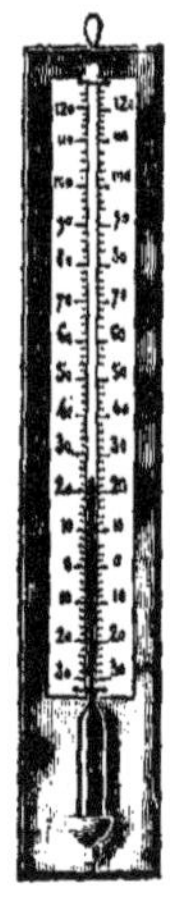

L'espace compris entre les deux points fixes est divisé en cent parties égales, et l'on a le thermomètre dit centigrade. La division est prolongée au-dessus de 100 degrés pour les chaleurs plus fortes que celle de l'eau bouillante, au-dessous de zéro pour les froids plus grands que celui de la glace fondante.

Un thermomètre gradué d'après ces principes étant placé dans un lieu déterminé, le liquide qu'il renferme s'élèvera jusqu'à une certaine division : le numéro de cette division est ce que l'on nomme la température du lieu.

Exemples : Dans une chambre, le mercure du thermomètre s'arrête en face de la division 12; on dit que la température de la chambre est de 12 degrés centigrades au-dessus de zéro, et cette température s'écrit + 12°. Dehors, au contraire, le mercure s'arrête en face de la division 8 au-dessous du zéro; on dit que la température est de 8 degrés centigrades au-dessous de zéro, et cette température s'écrit — 8°.

Bien d'autres conventions avaient été successivement adoptées avant celle que nous venons d'indiquer. Maintenant encore on se sert en certains pays de graduations nommées graduation Fahrenheit, graduation Réaumur. Nous n'en exposerons point les principes, parce qu'elles sont actuellement presque complètement abandonnées. Du reste, pour éviter toute confusion, nous rapporterons, dans le courant de cet ouvrage, toutes les températures à la graduation centigrade.

Le liquide contenu dans le thermomètre est tantôt du mercure, tantôt de l'alcool; mais, les bases de la graduation étant toujours les mêmes, la température indiquée dans chaque cas est la même, quel que soit le liquide choisi. Le mercure est le plus souvent employé pour mesurer les hautes températures; mais comme il a l'inconvénient de se solidifier à la température de — 40 degrés, on le remplace par de l'alcool quand on veut étudier les froids excessifs.

LES GRANDS FROIDS

LIVRE PREMIER

LES EFFETS DU FROID

CHAPITRE PREMIER

ACTION DU FROID SUR L'HOMME.

Quand il se transporte du pôle à l'équateur, l'homme observe des températures bien diverses. Pendant ce long parcours, tout change autour de lui. A l'équateur il voit, accompagnant la chaleur extrême, des jours égaux aux nuits, une végétation luxuriante, une flore et une faune nombreuses, des orages effroyables, des pluies torrentielles, des cyclones dévastateurs. Dans les régions froides, ce sont des jours de plusieurs mois, des nuits presque sans fin, à peine quelques animaux et quelques plantes; au lieu de forêts, des amas de glaces éternelles, les pluies remplacées par des neiges, les orages par des aurores boréales.

Pour ne citer que les points extrêmes de l'échelle thermométrique, M. Duveyrier a observé dans le pays des Touaregs une chaleur de +67°.7 à l'ombre, tandis qu'à Nijni-Kdinsk, en Sibérie, on a eu à supporter un froid de —62°.5. Ce qui donne un écart total de 130 degrés. A ces deux températures si éloignées l'une de l'autre l'homme peut vivre, et la chaleur de son corps est sensiblement la même dans l'un et l'autre pays. Ce n'est qu'à cette condition, du reste, qu'il résiste à des climats si dissemblables, car la mort arrive très rapidement dès que la chaleur du corps s'écarte de quelques degrés en plus ou en moins de sa température normale, qui est de + 38 degrés.

Comment cette température de notre corps peut-elle ains demeurer stationnaire? Comment l'homme ne s'échauffe-t-il pas, de même que les substances inanimées, quand il est dans un milieu chaud? Comment ne se refroidit-il pas quand il est plongé dans une atmosphère glaciale?

Il semble d'autant plus difficile de s'expliquer la résistance à la chaleur que, nous le savons, notre corps est le siége d'une combustion incessante, la respiration, produisant à chaque instant une quantité de chaleur considérable. Comment dès lors concevoir que, chauffés intérieurement, plongés à l'extérieur dans un milieu à température élevée, nous ne nous échauffions pas très rapidement?

Il n'en est rien pourtant. C'est que l'homme, pour se défendre, a plusieurs moyens à sa disposition.

D'abord, l'habitant des pays chauds mange peu, et par suite respire peu. L'ennemi intérieur, foyer qui ne peut s'éteindre complétement, ne produit que la quantité de chaleur strictement nécessaire à l'entretien de la vie. Nous n'avons à lutter que contre le réchauffement extérieur.

Pour nous protéger, nous avons d'abord les vêtements, tout aussi propres à arrêter le chaud que le froid. Ces mêmes étoffes qui, pendant l'hiver, empêchent la chaleur de sortir des corps, empêchent aussi dans les régions chaudes, et de la même manière, la chaleur extérieure de pénétrer jusqu'à nous.

Outre les vêtements, cuirasse passive qui se laisserait traverser à la longue, nous avons l'évaporation, source active de

Au lieu de forêts, des amas de glaces éternelles....

froid répandue sur toute la surface de la peau, défense bien autrement efficace.

Chacun sait que l'évaporation d'un liquide produit du froid, et un froid souvent considérable. Qui n'a vérifié, en effet, que si on se mouille en été les mains et le visage, on éprouve bientôt une sensation de fraîcheur délicieuse due à l'évaporation de l'eau. Quelques gouttes d'éther, liquide très volatil, versées sur la main déterminent par leur évaporation un froid quelquefois assez intense pour amener l'insensibilité.

C'est au moyen du froid produit par l'évaporation du gaz ammoniac liquéfié qu'on arrive actuellement, dans l'appareil Carré, à obtenir la glace industriellement à très bas prix pendant l'été.

Eh bien, la surface de la peau est constamment, mais surtout pendant l'été, le siége d'une évaporation considérable. C'est elle qui garantit notre corps d'une élévation de température qui ne tarderait pas à lui être funeste. Quand le danger devient plus grand, les glandes sudoripares produisent abondamment un liquide qui ruisselle sur le corps. Cette sueur, par son évaporation rapide, maintient l'équilibre de température nécessaire à notre existence.

L'action combinée des vêtements et de l'évaporation de la sueur est telle, que nous pouvons supporter non seulement des températures de 62 degrés, mais des températures de 120 degrés, 130 degrés, de beaucoup supérieures à celle de l'eau bouillante. Pour n'en citer qu'un exemple, en 1874, neuf observateurs pénétrèrent dans une chambre chauffée à 128 degrés et y demeurèrent huit minutes. Dans cette chambre on avait placé, à côté des observateurs, des œufs qui ne tardèrent pas à bouillir, un bifteck qui fut rapidement cuit, de l'eau qui entra presque immédiatement en ébullition.

Cependant ces défenses ne sont efficaces que si la grande chaleur ne se maintient pas trop longtemps; et elles deviennent insuffisantes pour toute température un peu supérieure à

38 degrés qui serait longtemps prolongée. Ainsi, l'abbé Gaubil rapporte que, du 14 au 23 juillet 1743, par une température soutenue de 40 degrés, 11 400 personnes moururent de chaud dans les rues de Pékin.

Quand il s'agit de se garantir du refroidissement, le problème semble plus facile; et, en effet, la protection peut être plus efficace.

C'est que le foyer intérieur de la respiration compense en partie les pertes causées par le rayonnement de notre corps dans un air trop froid. Aussi notre premier moyen de lutter contre le froid est dans l'activité plus grande que prend la respiration. Cette activité sera encore exaltée par le mouvement, l'exercice continuel, qui est comme le courant d'air qui avive la combustion.

L'exercice, en effet, a pour action de déterminer une circulation plus active du sang, un renouvellement plus rapide de l'air qu'il renferme, et de doubler dans certains cas la somme de chaleur qui se produit au dedans de nous. Mais, de même qu'un courant d'air violent n'activera le feu que si le combustible ne manque pas, de même l'exercice n'activera la respiration d'une manière permanente que si nous fournissons au sang des matériaux susceptibles d'être brûlés. De là la nécessité d'une alimentation abondante quand on a à lutter contre le froid, et tout aussi bien d'une alimentation convenablement choisie. Les viandes, les substances grasses surtout, devront être mangées en abondance.

Les habitants des régions polaires sont doués d'un appétit féroce; ils mangent, ou plutôt ils dévorent une quantité prodigieuse d'aliments, parmi lesquels les huiles et les graisses, éminemment propres à produire de la chaleur, sont prépondérantes.

Des vêtements appropriés sont tout aussi indispensables. Les matières d'origine animale, soie, laine, poils, ont la propriété de conduire mal la chaleur, c'est-à-dire de s'opposer au passage de la chaleur à travers elles. Un vêtement de laine ou de fourrure empêchera donc la chaleur du corps de se perdre à l'extérieur. Les vêtements, à eux seuls, lorsqu'ils sont assez abondants et assez fourrés, joints à une bonne alimentation, suffiront à défendre du froid.

Les habitants des climats tempérés peuvent se contenter d'étoffes de laine; ceux des régions polaires doivent y joindre les peaux d'animaux. Tous les voyageurs au pôle Nord se sont préoccupés des vêtements chauds à donner aux gens de leur équipage, et il est curieux de voir quels soins ont présidé à la confection des objets d'habillement des équipages de la *Germania* et de la *Hansa*, qui ont exploré les côtes du Groenland en 1869 et 1870.

Pendant les froids de l'hiver, l'évaporation cutanée se produit encore, quoique bien faiblement, et tendrait à nous refroïdir. Dans les climats rigoureux, on peut empêcher cette évaporation en répandant sur le corps une substance grasse, qui met en même temps la peau à l'abri de l'impression du froid. « Le Lapon et le Samoyède, dit Virey, graissés d'huile rance de poisson, se promènent sans inconvénient, la poitrine débraillée, par des froids de — 40 à — 50 degrés. En Sibérie, les soldats russes s'enveloppent les oreilles et le nez dans des papillotes de parchemin enduites de graisse d'oie, qui reste fluide et ne se gerce pas comme le suif. Ils bravent ainsi les froids les plus violents. »

Enfin, pour se défendre du froid, l'homme a les moyens extérieurs : il se réfugie dans les habitations ; il emploie le feu, qui s'ajoute à la chaleur produite dans la respiration.

Les habitants des régions polaires vivent le plus souvent sous terre, dans des huttes creusées sous le sol, munies d'un toit formé de peaux de bêtes. Ils sont là un peu comme des animaux hibernants, à l'abri de tout courant d'air extérieur, à l'abri aussi du rayonnement qui tendrait à refroidir leur demeure.

Mais dans les pays civilisés, une semblable habitation ne peut être employée, et il faut construire des maisons plus commodes. Elles doivent avoir des murs épais, faits autant que possible de substances peu conductrices de la chaleur. Le bois et la brique sont, pour ces constructions, très préférables à la pierre. Bien plus, dans certains pays froids, les murs sont doubles, en briques ou en planches, de mince épaisseur, et l'intervalle qui les sépare est garni de sciure de bois ou de paille hachée, qui constituent une couche parfaitement isolante. De doubles fenêtres augmentent aussi beaucoup l'efficacité de la préservation.

Dans nos maisons françaises, surtout celles du midi et du centre, on ne cherche à réaliser aucune de ces conditions. Les murs sont en pierre, simples et légers ; les fenêtres sont uniques et le plus souvent mal jointes. Aussi, dès que l'hiver est rigoureux, nous avons plus à souffrir que les habitants des pays froids.

En 1870, l'équipage de la *Hansa*, forcé d'abandonner son bateau, se réfugie sur un immense glaçon flottant et y demeure plus de huit mois. Eh bien, par une température extérieure de 18 et 20 degrés au-dessous de zéro, on obtenait, dans la hutte construite sur ce glaçon avec une partie de la provision de charbon, une température de 18 degrés au-dessus de zéro. C'est que les murs étaient faits d'une substance conduisant mal la chaleur, et que toutes les ouvertures inutiles étaient bien rigoureusement bouchées. Combien peu de personnes, même dans nos hivers ordinaires, atteignent une température aussi élevée ! encore faut-il un feu constamment soutenu.

C'est qu'aussi notre moyen de chauffage n'est pas mieux organisé que nos maisons pour lutter contre le froid. La cheminée, pleine de gaieté, excellent système de ventilation, est un moyen de chauffage détestable. L'air chaud, au lieu de rester dans l'appartement, monte constamment dans le tuyau et est renouvelé par de l'air froid venant du dehors : l'échauffement ne se fait que par rayonnement, et la chaleur rayonnée n'est qu'une bien faible portion de la chaleur produite.

Combien sont supérieurs les poêles, au moins au point de vue de l'élévation de la température! Les poêles de fonte de nos pays ont l'inconvénient de s'échauffer trop fort, jusqu'au

Les habitants des régions polaires vivent le plus souvent sous terre.

rouge, ce qui n'est pas sans danger pour l'hygiène de l'appartement; mais les poêles des pays froids, et notamment ceux de la Russie, ont une tout autre disposition.

Ce sont d'immenses constructions de briques, recouvertes de porcelaine ou de faïence. L'air, aspiré de l'extérieur par un conduit spécial, vient se chauffer dans le poêle pour se répandre ensuite dans l'appartement. La masse s'échauffe lentement; puis, quand il ne reste plus dans l'intérieur qu'un brasier, on ferme toutes les ouvertures, et la chaleur se conserve pendant de longues heures. Les paysans russes produisent ainsi dans leurs misérables réduits des températures effroyables, de 40 à 50 degrés, qui font ressembler leurs habitations à des fours. La chaleur accablante de cette atmosphère, l'odeur repoussante et l'effroyable saleté qui l'accompagnent, rendent le séour dans ces demeures impossible à quiconque n'y est pas né.

Enfin nous devons compter aussi l'habitude de résister au froid, l'endurcissement qui en résulte, comme un préservatif souvent efficace contre le refroidissement. Les hommes robustes peuvent, en effet, par un endurcissement progressif, arriver à avoir une grande force de résistance contre le froid. Nos mains et notre visage possèdent à un degré élevé cette insensibilité relative, parce qu'ils sont constamment exposés aux intempéries. Les mains, qui ont une si grande surface de refroidissement pour un volume très faible, seraient à chaque instant les victimes du froid sans cet endurcissement.

Aristide demandait un jour à un Scythe comment il pouvait, presque nu, résister au froid de l'hiver : « Je suis tout visage », lui répond le barbare, indiquant ainsi ce que peut l'endurcissement sur toutes les parties du corps.

Ces moyens de préservation : endurcissement, vêtements convenables, nourriture appropriée, habitations bien closes, chauffage bien entendu, suffisent pour empêcher tout accident; mais, dans bien des cas, quelques-uns de ces moyens de défense font défaut. Il n'y a que trop de gens exposés aux rigueurs de l'hiver sans habitation et sans feu, sans vêtements suffisants, sans nourriture. Alors, si le froid est assez vif, si son action est assez prolongée, l'endurcissement n'est plus que d'un faible secours, et il survient les accidents les plus graves, sur lesquels nous devons nous arrêter.

Dans quelques cas, lorsque l'individu exposé au froid est peu robuste, l'action peut être foudroyante. Celui qui est atteint par cette soudaine invasion du refroidissement s'agite comme saisi de frayeur, son regard devient fixe et sombre, il pousse un cri, puis tombe rigide et glacé. On a vu de jeunes militaires qui, exposés à un froid violent pendant une heure seulement, ont été trouvés morts dans un état de rigidité complète; mais ces cas foudroyants sont rares.

D'habitude, l'action d'un froid excessif est plus lente. Elle est locale ou générale.

L'action locale, qui commence par une douleur assez vive, est bientôt suivie de fourmillements, d'engourdissement, d'un ralentissement progressif de la circulation. Si l'arrêt a été total, la circulation souvent ne peut plus être rétablie et l'ablation du membre devient nécessaire. Les pieds, les oreilles, les mains, le nez, sont les parties le plus souvent atteintes par la congélation. Nous verrons que les voyageurs des régions polaires ont souvent à éprouver ces accidents. Ils se produisent bien plus fréquemment encore dans les armées en campagne.

Nous en trouvons des exemples dès l'antiquité. L'armée romaine, en 177 avant notre ère, était campée en Arménie. L'hiver fut des plus rudes, au rapport de Tacite : « La terre était si durcie par la glace, qu'il fallait la creuser avec le fer pour y enfoncer les pieux. Beaucoup de soldats eurent les membres gelés, et plusieurs moururent en sentinelle. On en remarqua un qui, en portant une fascine, eut les mains tellement raidies par le froid, qu'elles s'attachèrent à ce fardeau et tombèrent de ses bras mutilés. »

En 1341, l'hiver fut des plus rudes en Livonie, et beaucoup de soldats de l'armée des croisés eurent le nez, les doigts et les membres gelés.

En 1524, le froid fut tel en Angleterre que beaucoup de personnes perdirent les orteils.

En 1552 et 1553, au siége de Metz par Charles-Quint, les soldats eurent fort à souffrir du froid; beaucoup restaient raides et transis dans les tranchées. « Trouvions, dit Vieilleville, des soldats assis sur de grosses pierres, ayant les jambes dans les fanges gelées jusqu'aux genoux..... A la plupart il falloit couper les jambes, car elles étoient mortes et gelées. »

L'insensibilité qui accompagne l'arrêt de la circulation est quelquefois absolue. Nous avons vu, au mois de décembre 1870, un garde mobile du département de Saône-et-Loire, qui se chauffait au feu du bivouac, se brûler presque entièrement un pied sans éprouver aucune douleur. Il fallut le lu couper.

Ces accidents sont si fréquents que le plus souvent les historiens ne prennent pas la peine de les mentionner. Bien près de nous, ils ont été terribles pendant les funestes guerres de 1811-1812 et de 1870-1871, sur lesquelles nous aurons l'occasion de revenir. Des cas de congélation partielle peuvent se produire et se produisent en réalité presque chaque année, même dans les hivers les moins rigoureux, surtout aux pieds; il est important d'en connaître le traitement.

Il faut d'abord faire de douces frictions avec de la neige sur la partie malade; dès que la sensibilité est revenue, on pratique des lotions avec de l'eau très froide dont on élève graduellement la température.

L'exposition à la chaleur doit être évitée avec le plus grand soin, comme le montrent les récits suivants, empruntés à la campagne de Russie.

« Peu de monde, écrit M. René Bourgeois, chirurgien-major de la grande armée, échappa à la congélation, et chacun en fut frappé dans quelques parties du corps. Heureux ceux à qui elle n'atteignit que le bout du nez, les oreilles et une partie des doigts! Ce qui rendait les ravages encore plus funestes, c'est qu'en arrivant près des feux, on y plongeait imprudemment les parties refroidies, qui, ayant perdu toute sensibilité, n'étaient plus susceptibles de ressentir l'impression de la chaleur qui les consumait. Bien loin d'éprouver le soulagement que l'on recherchait, l'action subite du feu donnait lieu à de vives douleurs, et déterminait promptement la gangrène. »

« Malheur, s'écrie Larrey, à l'homme engourdi par le froid et chez qui la sensibilité extérieure était éteinte! s'il entrait subitement dans une chambre trop chaude, ou s'il s'approchait de trop près d'un grand feu de bivouac, les parties engourdies ou gelées étaient frappées de gangrène, qui se montrait à l'instant même avec une telle rapidité que ses progrès étaient sensibles à l'œil. »

On a vu des soldats tomber raides morts devant les feux des bivouacs. Mais ces congélations partielles, souvent faciles à guérir, quelquefois nécessitant des amputations, rarement suivies de mort, ne sont rien auprès de l'action générale du froid sur les individus affaiblis ou mal garantis.

Cette action générale se porte surtout sur le cerveau et sur le système nerveux. L'action sur le cerveau se traduit assez fréquemment par un délire furieux, bientôt suivi d'une méningite rapidement mortelle. Mais le plus souvent les accidents se produisent d'une manière toute différente. A la pâleur de la face succède une congestion accompagnée d'un assoupissement qui augmente graduellement; les muscles s'affaiblissent de plus en plus; il en résulte une grande difficulté d'agir, de parler même, une faiblesse de la vue qui va, dans quelques cas, jusqu'à la cécité absolue, enfin un hébétement qui semble de l'idiotisme. Puis, l'assoupissement augmentant, le besoin de repos et de sommeil devient irrésistible. Le malheureux se couche avec délice sur la neige ou la terre glacée, il s'endort pour ne plus se réveiller.

« Sous l'excès du froid, écrit Paul Bert, la soif que l'on éprouve est atroce; le goût et l'odorat diminuent, les yeux se ferment involontairement; les mouvements deviennent incertains, toute force s'enfuit; la langue bégaye, et les pensées sont lentes et indistinctes. »

Les anciens connaissaient parfaitement tous ces symptômes de l'action progressive du froid. D'après Plutarque, « un froid excessif engourdit les nerfs et les prive de mouvement;

il suspend l'usage de la langue, et, par sa dureté, il glace les parties molles et humides du corps. »

Le froid sec est bien moins à craindre que le froid accompagné d'humidité. M. Lacassagne rappelle que dans la retraite de Constantine, en novembre 1836, par une température minima de — 1 degré, il y eut des accidents graves de congélation.

Les effets de l'humidité et des vents se montrèrent d'une manière beaucoup plus effrayante dans l'expédition de Sétif au Bou-Thaleb, en 1846. En trois jours, sur une colonne de 2 800 hommes, 208 périrent par l'action immédiate du froid, et plus de 500 furent atteints de congélation. Et pourtant le thermomètre ne descendit pas jusqu'à — 2 degrés.

Que de fois des hommes ont été gelés et sont morts de froid ! Naturellement, les pauvres gens, obligés de coucher dehors, mal nourris et mal vêtus, sont les premiers, le plus souvent les seuls atteints; mais ce sont toujours les armées en campagne qui présentent le plus triste spectacle. Il faut lire dans Xénophon le récit des souffrances des Dix mille surpris par le froid dans les montagnes de l'Arménie. Il faut voir comment Charles XII, après la bataille de Pultava, en 1709, perdit la moitié de son armée dans les forêts de l'Ukraine.

Il faut cependant, dans les récits des historiens, bien se garder de confondre les cas de mort par le froid avec les mortalités causées par les maladies consécutives du froid, ou par les famines survenues à la suite des grands hivers. Voyons d'abord, dans l'histoire, les accidents causés par la seule action du froid. Ces accidents, qui se produisent presque constamment, ne sont jamais bien nombreux, sauf pendant les guerres, et ne peuvent prendre le caractère de calamités publiques.

En 823, des hommes meurent de froid en grand nombre; il en fut de même en 874. En 1124, beaucoup de femmes et d'enfants moururent de froid. En 1523, il y eut en Angleterre un hiver si rigoureux que plusieurs personnes périrent par la rigueur du froid; d'autres perdirent les orteils.

Peignot rapporte les tristes effets d'un voyage dans les régions polaires, entrepris en 1552 : « Le capitaine Willoughby cherchait le chemin de la mer de la Chine par la mer septentrionale ; les glaces l'arrêtèrent à Arzina, port de la Laponie, à la latitude de 69 degrés. L'année suivante, on le trouva mort, ainsi que tous les gens de son équipage. »

Sous Henri III, le duc d'Épernon, faisant le siége de la ville de Chorges, en Dauphiné, que défendaient les protestants, perdit par le froid une grande partie de son armée. Mézeray raconte en ces termes les souffrances des soldats : « Survint un hiver qui fut plus cruel cette année-là qu'il ne l'avoit été depuis cinquante ans. On raconte des choses étranges du grand excès de cette froidure : on trouvoit les sentinelles tout roides morts, quelques-uns plantés debout, que le verglas avoit attachés par les pieds à terre, comme s'ils eussent pris racine ; d'autres fixés sur les chevaux comme des statues. La violence du froid engourdissoit les plus vigoureux, et leur geloit la voix jusques dans les entrailles : on vit des soldats qu'elle avoit rendus si insensibles qu'ils s'étoient à demi rostis dans le feu avant que de pouvoir être échauffés. Ils mouroient par centaines ; les vivants ne pouvoient suffire à enterrer les morts, et les jetoient par monceaux dans de grandes fosses : tellement que cette armée, qui étoit de plus de dix mille hommes, se trouva réduite, au partir de là, à trois ou quatre mille. »

Mais il nous faut nous arrêter dans cette énumération, qui serait trop longue et bien monotone. Arrivons donc de suite aux temps qui sont plus proches de nous.

Un invincible besoin de sommeil saisit ceux que le froid va terrasser. Cet engourdissement nous sera montré d'une manière bien frappante par l'exemple suivant. Le docteur Solander, l'un des compagnons du capitaine Cook, surpris par le froid sur les côtes de Terre-Neuve avec plusieurs matelots, usait de toute son influence pour les empêcher de s'abandonner au sommeil. « Quiconque s'assiéra s'endormira, s'écriait-il, et quiconque s'endormira ne se réveillera plus. » Et lui-même, vaincu à son tour, oublie son expérience et ses conseils; il se couche sur la terre couverte de neige, en suppliant son ami Banks de le laisser dormir. Il fallut employer la violence pour le réveiller.

Mais c'est encore le tableau de la retraite de Russie qui nous montrera le mieux l'influence générale du froid. Nous y verrons à quel point les hommes, démoralisés par la défaite, usés par la fatigue et les privations antérieures, sont rapidement atteints. Reprenons le récit de René Bourgeois : « Toutes les facultés étaient anéanties chez la plupart des soldats; la certitude de la mort les empêchait de faire aucun effort pour s'y soustraire : se croyant hors d'état de supporter la moindre fatigue, ils refusaient de continuer leur route, et se couchaient à terre pour y attendre la fin de leur déplorable existence. Un grand nombre étaient dans un véritable état de démence, le regard fixe, l'œil hagard; ils marchaient comme des automates, dans le plus profond silence. Les outrages, les coups même, étaient incapables de les rappeler à eux-mêmes. Le froid excessif, auquel il était impossible de résister, acheva de nous détruire. Chaque jour il moissonnait un grand nombre de victimes, les nuits surtout étaient très meurtrières; la route et les bivouacs que nous quittions étaient jonchés de cadavres. Pour ne pas succomber, il ne fallait rien moins qu'un exercice continuel qui tînt constamment le corps dans un état d'effervescence et répartît la chaleur naturelle dans toutes les parties. Si, abattu par la fatigue, vous aviez le malheur de vous abandonner au sommeil, les forces vitales n'opposant plus qu'une faible résistance, l'équilibre s'établissait bientôt entre vous et les corps environnants, et il fallait bien peu de temps pour que, d'après l'acception rigoureuse du langage physique, votre sang se glaçât dans vos veines. Quand, affaissé sous le poids des privations antérieures, on ne pouvait surmonter le besoin de sommeil, alors la congélation faisait de rapides progrès, s'étendait à tous les liquides, et l'on passait, sans s'en apercevoir, de cet engourdissement léthargique à la mort. Heureux ceux dont le réveil était assez prompt pour prévenir cette extinction totale de la vie! Les jeunes soldats qui venaient rejoindre la grande armée, frappés tout à coup par l'action subite d'un froid auquel ils n'avaient point

La route et les bivouacs étaient jonchés de cadavres.

encore été exposés, succombèrent bientôt à l'excès des souffrances auxquelles ils étaient livrés. Ceux-ci ne périssaient ni d'épuisement, ni d'inaction, et le froid seul les frappait de mort. On les voyait d'abord chanceler comme des hommes ivres. Il semblait que tout leur sang fût refoulé vers leur tête, tant ils avaient la figure rouge et gonflée. Bientôt ils étaient entièrement saisis et perdaient toutes leurs forces. Leurs membres étaient comme paralysés; ne pouvant plus soutenir leurs bras. ils les abandonnaient à leur propre poids et les laissaient aller passivement; leurs fusils s'échappaient alors de leurs mains, leurs jambes fléchissaient sous eux, et ils tombaient enfin, après s'être épuisés en efforts impuissants. Au moment où ils se sentaient défaillir, des larmes mouillaient leurs paupières, et quand ils étaient abattus, ils se relevaient à diverses reprises pour regarder fixement ce qui les environnait; ils paraissaient avoir perdu entièrement le sens, et ils avaient un air étonné et hagard; mais l'ensemble de leur physionomie, la contraction forcée des muscles de la face, offraient des traces non équivoques des cruelles douleurs qu'ils ressentaient. Les yeux étaient extrêmement rouges, et très souvent le sang transsudait à travers les pores et s'écoulait par gouttes au dehors de la membrane qui recouvre le dedans des paupières. »

Larrey, de son côté, trace un tableau tout aussi triste : « Après le passage de la Bérésina, le 25 décembre, le thermomètre ne fit que baisser, et, dans la nuit du 25 au 26, il tomba à — 26 degrés. Le bivouac fut terrible. On pouvait à peine se tenir debout, et celui qui perdait l'équilibre tombait frappé d'une stupeur glaciale et mortelle. Malheur à celui qui se laissait gagner par le sommeil ! quelques minutes suffisaient pour le geler entièrement, et il restait mort à la place où il s'était endormi. »

Le découragement, l'affaiblissement, étaient tels que rien ne pouvait sauver ces malheureux. « Sourds à tous les conseils, ne raisonnant plus, entièrement dominés par la sensation actuelle, officiers, soldats, tous se précipitaient auprès des granges incendiées ; mais bientôt, frappés d'une apoplexie foudroyante, ils tombaient dans ce même feu auprès duquel ils croyaient trouver leur salut; d'autres, agités de mouvements convulsifs, devenus tout à coup furieux, s'y précipitaient eux-mêmes. De tels exemples ne servaient à rien; ces malheureux étaient bientôt remplacés par d'autres; leur sort était même envié ! A l'aspect de ces cadavres brûlés, à l'insensibilité, au peu d'étonnement que causaient de pareilles scènes, on aurait cru voir des barbares accoutumés à des sacrifices humains. » (Jauffret.)

L'immersion dans l'eau glacée, surtout pour les hommes affaiblis, est une cause de mort encore plus prompte que l'action de la température la plus basse. Nombre de soldats périrent de la sorte au passage de la Bérésina. Ceux qui ne trouvaient pas à passer sur les ponts, ou qui y étaient bousculés trop fort, se jetaient à l'eau, dans l'espoir de gagner à la nage l'autre rive. Mais leurs membres étaient immédiatement envahis par une raideur cadavérique, tout mouvement devenait impossible, et les malheureux trouvaient une mort prompte, suspendus entre les glaçons. Les héroïques pontonniers qui, sous la conduite de l'admirable général Éblé, se plongèrent dans la Bérésina pour rétablir les ponts effondrés, moururent presque tous : quelques-uns à peine furent sauvés. Le général qui leur avait donné l'exemple ne tarda pas à les suivre dans la tombe.

La mort par le froid, si souvent constatée, est une véritable asphyxie : elle a pour cause principale l'arrêt de la respiration par suite de la rigidité des muscles.

Les asphyxies par le froid sont si fréquentes que chacun peut se trouver en présence d'un de ces accidents, et doit connaître les soins à donner. Nous ne pouvons mieux faire que de copier ici la méthode de traitement publiée au milieu de ce siècle par le conseil de salubrité de la Seine. Cette instruction, parfaitement conçue, est relative à toutes les sortes d'asphyxies : elle devrait être connue de tous. Nous n'en transcrirons que les passages relatifs à l'asphyxie par le froid :

1° On portera l'asphyxié, le plus promptement possible, de l'endroit où il aura été trouvé au lieu où il devra recevoir des secours. Pendant ce transport, on enveloppera le corps avec des couvertures, ou, à défaut de couvertures, avec de la paille ou du foin; on laissera la face libre. On évitera aussi d'imprimer au corps, surtout aux membres, des mouvements brusques.

2° Dans l'asphyxie par le froid, il est de la plus haute importance de ne rétablir la chaleur que lentement et par degrés. Un asphyxié par le froid qu'on approcherait du feu, ou que, dès le commencement, on ferait séjourner dans un lieu échauffé, même médiocrement, serait irrévocablement perdu. Il faut, en conséquence, le porter dans une chambre sans feu, et là lui administrer les premiers secours que réclame sa position.

3° Si l'asphyxie a eu lieu par un froid de plusieurs degrés au-dessous de zéro, et que le malade conserve de la souplesse, on le déshabillera et l'on couvrira tout le corps, y compris les membres, de linges trempés dans l'eau froide, qu'on rafraîchira encore en y ajoutant des glaçons concassés.

4° Si le corps était tellement frappé par le froid qu'il fût dans un état de rigidité prononcée, il y aurait avantage à le plonger dans une baignoire contenant assez d'eau pour que le tronc et les membres en fussent couverts. Cette eau devra être aussi froide que possible, et l'on en élèverait la température par degrés de dix en dix minutes.

5° Lorsque les membres auront repris leur souplesse, on era exécuter à la poitrine et au ventre des mouvements dans le but de provoquer la respiration. On continuera en même temps des frictions sur le corps et les membres, soit avec de la neige, si l'on a pu s'en procurer, soit avec des linges trempés dans de l'eau froide.

6° Lorsque l'asphyxié commence à se réchauffer, ou qu'il se manifeste quelques signes de vie, on doit l'essuyer avec soin et le placer dans un lit qui ne soit pas plus chaud que le corps lui-même. Il ne faut pas non plus allumer du feu dans la pièce avant que le corps ait recouvré entièrement sa chaleur naturelle.

7° Aussitôt que le malade peut avaler, on peut lui faire prendre un demi-verre d'eau froide dans laquelle on ajoute une cuillerée à café d'eau de mélisse, d'eau de Cologne ou de tout autre spiritueux.

8° Si, au contraire, l'asphyxié avait de la propension à l'engourdissement, on lui ferait boire de l'eau vinaigrée, et si cet engourdissement était profond, on administrerait des lavements irritants avec de l'eau salée ou avec de l'eau de savon. Il est utile de faire remarquer que, de toutes les asphyxies, l'asphyxie par le froid est celle qui laisse, selon l'expérience des pays septentrionaux, le plus de chances de succès, même après douze à quinze heures de mort apparente; mais, d'un autre côté, cette asphyxie exige aussi, plus que toute autre, une grande précision dans l'emploi des moyens destinés à la combattre, notamment dans le réchauffement du malade.

Remarquons en terminant cette étude que le froid, sans agir immédiatement sur l'homme, peut occasionner des maladies graves, causes d'une mortalité souvent énorme. Cette mortalité sévit surtout sur la classe pauvre, qui n'a pour résister ni la ressource d'une bonne alimentation, ni celle d'une bonne hygiène.

C'est aux épidémies, bien plus qu'aux asphyxies causées par le froid, qu'il faut attribuer les grandes mortalités des hivers rigoureux cités par les historiens. Faisons quelques emprunts à l'importante notice d'Arago, qui nous a déjà servi et qui nous servira encore longtemps de guide.

670 de notre ère. — L'hiver fut très véhément et très prolongé du côté de Constantinople, et fit périr un grand nombre d'hommes et d'animaux.

717. — L'hiver fut si rigoureux à Constantinople, que les chevaux et les chameaux de l'armée des Sarrasins qui l'assiégeaient périrent pour la plupart.

823. — Beaucoup d'animaux et même des hommes suc-

combent sous l'excès du froid. Une épidémie consécutive emporte une multitude de personnes des deux sexes et de tout âge.

Dans l'étude particulière que nous ferons d'un grand nombre d'hivers, nous aurons l'occasion de revenir sur ces mortalités.

Mais toutes ces tristes conséquences des froids violents de nos régions ne sont rien auprès des désastres produits dans la végétation, et des terribles famines qui en ont été si souvent la conséquence. Nous allons bientôt les étudier.

CHAPITRE II

ACTION DU FROID SUR LES ANIMAUX ET SUR LES PLANTES.

Les animaux aussi sont sensibles au froid; beaucoup même y sont plus sensibles que l'homme. L'homme a, comme nous l'avons vu, la propriété de vivre dans des climats bien divers ; l peut, presque sans inconvénient, passer des pays chauds aux régions froides, pourvu qu'il prenne des précautions convenables.

Bien plus, il peut supporter, sans en souffrir, des variations de température extrêmement considérables et fort rapides. Quelques exemples de ces variations extraordinaires doivent être cités. Dans le voyage du vapeur *le Tegetthoff* à la Nouvelle-Zemble, en 1872, 1873 et 1874, on a observé des températures de 50 degrés au-dessous de zéro. L'équipage, enfermé dans la grande chambre du navire, sut y maintenir constamment une température supérieure à + 20 degrés; la différence entre la température du dehors et celle du dedans dépassait donc quelquefois 70 degrés, et cependant les matelots entraient et sortaient, subissant plusieurs fois par jour ces variations énormes sans aucun danger.

Chappe, dans le récit de son voyage en Sibérie, effectué au siècle dernier, raconte que les Russes, à la sortie de bains de vapeur dans lesquels ils sont restés plusieurs heures à une température de + 70 degrés, vont, absolument nus, se sécher dehors avec de la neige, alors que le froid est de 30 degrés.

De tous les animaux, le chien est le seul qui, sous ce rapport, soit comparable à l'homme. La plupart des animaux ne peuvent supporter sans périr que des variations bien plus faibles, et chacun reste dans le climat qui l'a vu naître. Même certains d'entre eux ne peuvent pas supporter toutes les variations de température du milieu dans lequel ils habitent. « Pour éviter les extrêmes de température, dit Élisée Reclus, soit les froids de l'hiver, soit les trop grandes chaleurs de l'été, certaines espèces animales ont la ressource des migrations, ou celle de s'enfouir dans le sol. La plupart des insectes passent leur existence de larve sous l'écorce des arbres, sous les tas de feuilles ou sous les couches superficielles de la terre. Des espèces de mollusques, des poissons, plusieurs reptiles et quelques mammifères se couchent aussi dans le limon des lacs et des marais, ou dans des terriers creusés à l'avance. Ainsi protégés contre le climat du dehors, les animaux tombent dans un état d'engourdissement ou de sommeil, pendant lequel leur vie reste partiellement suspendue : la température de leur corps s'abaisse parfois jusqu'au point de glace, et l'on a même vu des poissons se geler complètement, sans que la mort apparente les ait empêchés de ressusciter plus tard; la respiration et la circulation du sang sont graduellement ralenties, la digestion cesse tout à fait; les organes, devenus temporairement inutiles, se rétrécissent; les parasites intestinaux s'engourdissent eux-mêmes avec les animaux aux dépens desquels ils vivent. » Les animaux de nos climats, surtout nos animaux domestiques, ont une assez grande résistance au froid et à la chaleur; cependant, dans les grands hivers, il n'est pas rare de les voir mourir de froid, de voir des épidémies régner, qui dépeuplent les étables. A ces souffrances il faut ajouter les difficultés de la subsistance. Les animaux non domestiques ne peuvent aller chercher, sous la neige épaisse qui couvre le sol, la nourriture qui leur est nécessaire; ils meurent de faim. La difficulté n'est pas beaucoup moindre pour ceux que nous élevons; car leurs propriétaires ne peuvent plus les nourrir, privés qu'ils sont de la végétation qui, d'habitude, dure presque tout l'hiver.

En 544, l'hiver fut si rigoureux dans les Gaules, par l'abondance de la glace et de la neige, que les oiseaux et autres bêtes sauvages se laissèrent prendre à la main.

En 566, en 670, en 791, en 843, en 860, en 874..... un grand nombre d'animaux périrent soit de froid, soit de faim, soit d'une épidémie consécutive du froid.

En 887, l'hiver fut accompagné d'une épidémie si violente

L'équipage sut y maintenir une température supérieure à + 20 degrés.

sur les bœufs et les moutons, qu'il ne resta plus guère en France d'animaux de cette espèce.

En 1276, les troupeaux périrent presque totalement dans le diocèse de Parme. Les exemples semblables ne nous manqueraient pas, aussi nombreux que nous puissions les désirer.

Mais c'est surtout sur les plantes que nous devons nous arrêter. Les plantes sont comme les animaux hibernants : arrivée la saison froide, elles cessent pour ainsi dire de végéter, s'engourdissent de manière à résister à toutes les intempéries, et attendent des temps meilleurs. Pendant cet engourdissement, elles ne sont guère sensibles au froid. Reclus, après avoir parlé des animaux, arrive aux plantes : « La plupart des plantes de la zone tempérée, dit-il, peuvent supporter des froids de 10, 15, 20 degrés, sans que la force vitale soit supprimée chez elles, mais aucune ne peut croître à une température inférieure au point de glace. Dans les montagnes, les saxifrages et les soldanelles fleurissent jusque dans la neige, mais l'eau qui arrose leurs racines, et l'air qui entoure leurs feuilles, ont déjà une température supérieure à zéro. »

Cependant, quand le froid se prolonge, les plantes les plus robustes de nos climats finissent par succomber. La continuité du froid, qui permet à l'abaissement de température de pénétrer peu à peu même les plus grosses branches, est plus nuisible que quelques froids isolés, aussi grands qu'ils soient.

Le degré de froid qui arrête la végétation, et celui qui cause la mort de la plante, varient considérablement avec les différentes espèces végétales. Mais on peut dire d'une manière générale que c'est vers zéro que cesse la végétation, tandis qu'il faut des températures de plusieurs degrés au-dessous de zéro pour amener la congélation des plantes de nos régions tempérées.

D'autre part, dès que la végétation est commencée, et que les jeunes feuilles se développent, que les nouveaux bourgeons s'entr'ouvrent, la plante devient beaucoup plus sensible, et souvent les faibles gelées du printemps viennent faire plus de mal que les rigueurs de l'hiver. Lisons ce que disent à ce sujet Buffon et Duhamel : « La gelée est quelquefois si forte pendant l'hiver, qu'elle détruit presque tous les végétaux, et la disette de 1709 est une époque de ses cruels effets. Les graines périrent entièrement; quelques espèces d'arbres, comme les noyers, périrent aussi sans ressource; d'autres, comme les oliviers et presque tous les arbres fruitiers, furent moins maltraités; ils repoussèrent de dessus leur souche, leurs racines n'ayant pas été endommagées. Enfin, plusieurs grands arbres plus vigoureux poussèrent au printemps presque sur toutes les branches, et ne parurent pas en avoir beaucoup souffert. Cependant cette gelée a produit, dans les arbres qu'elle n'a pas entièrement détruits, des défauts qui ne s'effaceront jamais. Une gelée qui nous prive des choses les plus nécessaires à la vie, qui fait périr entièrement plusieurs espèces d'arbres utiles, et n'en laisse presque aucun qui ne se ressente de sa rigueur, est certainement des plus redoutables. Ainsi, nous avons tout à craindre des grandes gelées qui viennent pendant l'hiver, et qui nous réduiraient aux dernières extrémités si nous en ressentions plus souvent les effets; mais heureusement on ne peut citer que deux ou trois hivers qui, comme celui de l'année 1709, aient produit une calamité redoutable.

» Les plus grands désordres que causent jamais les gelées du printemps ne portent pas, à beaucoup près, sur des choses aussi essentielles, quoiqu'elles endommagent les graines; on n'a jamais vu que cela ait produit de grandes disettes; elles n'affectent pas les parties les plus solides des arbres, leur tronc ni leurs branches; mais elles détruisent totalement leurs productions, et nous privent de récoltes de vins et de fruits, et par la suppression des nouveaux bourgeons elles causent un dommage considérable aux forêts. »

Nos plantes les plus sensibles, cultivées seulement dans le midi, sont le palmier, le dattier, le myrte, le grenadier. Ces arbustes sont souvent détruits par les hivers un peu rigoureux. Les orangers et les oliviers ne résistent pas beaucoup plus. Puis viennent les vignes et les récoltes en terre, blés, avoines, qui sont bien souvent victimes du froid. Parmi les arbres plus vigoureux, qui résistent plus longtemps, le pin d'Alep, le chêne vert, le platane, sont ceux qui ont le plus à craindre. Puis, successivement, le hêtre, le chêne, le sapin, le pin, le bouleau, qui est l'arbre le plus résistant de nos régions.

Les arbres fruitiers doivent être placés, comme résistance, entre le chêne vert et le hêtre; ils sont quelquefois détruits jusqu'aux racines dans nos hivers les plus rigoureux.

Est-il possible de donner sur ce sujet des indications plus précises? Non. Il n'y a pas pour chaque arbre une température à laquelle il meurt, et le mal produit par les gelées intenses dépend de bien des circonstances. Il en est des végétaux comme des hommes et des animaux. M. de Gasparin, dans son Cours d'agriculture, insiste sur ce point : « Il ne suffirait pas de connaître l'abaissement de température que peut supporter chaque arbre, pour expliquer sa mort; il faudrait encore connaître la durée de cette température extrême. Un moment suffit pour détruire le bourgeon baigné de rosée; il faut plus longtemps pour le rameau; le tronc ne périt qu'après une longue succession de froids, la racine résiste presque toujours. Mais ce qui rend plus difficile la détermination de ce degré extrême, c'est que nous voyons les ravages du froid dépendre souvent beaucoup plus des circonstances du dégel que de l'intensité même du froid et de l'état des cultures. »

Si l'on ne connaît pas exactement le degré de froid nécessaire pour faire périr chaque arbre, on ne connaît pas davantage à la suite de quelle action les plantes sont tuées par le froid. Peut-être la gelée, en diminuant le volume des cellules des vaisseaux et des canaux dans lesquels circule la sève, affaiblit-elle ou arrête-t-elle tout à fait le mouvement de cette sève. Et le dommage causé serait d'autant plus grand que ce ralentissement aurait été poussé plus loin. Ainsi, les jeunes pousses de chêne ne sont pas affectées sensiblement quand la température est à zéro, tandis que celles du mûrier et du figuier, ne pouvant résister à cette température, meurent.

Une explication qui se présente naturellement à l'esprit pour l'action du froid sur les plantes est la suivante. Les sucs de la plante, contenant beaucoup d'eau, augmentent de volume comme celle-ci par la congélation. Cette dilatation déchire les cellules, rompt les vaisseaux qui deviennent impropres à la circulation de la sève, le végétal meurt. Tant que la congélation persiste, la plante ne semble pas atteinte ; mais vienne l'action du soleil, la glace fond, les canaux brisés s'affaissent, les désastres apparaissent.

S'il est incontestable que les choses se passent ainsi quelquefois, la mort des plantes est due le plus souvent à une autre cause. Nous voyons, en effet, différentes plantes de nos pays devenir raides, n'être à peu près qu'un glaçon après une forte gelée, et reprendre ensuite, pourvu qu'elles soient dégelées lentement. On peut considérer la rapidité du dégel comme une des causes principales du mal produit par le froid. Il est impossible de ne pas voir là une analogie frappante entre l'action du froid sur les plantes et cette action sur les animaux. Enfin, la plupart des espèces propres aux pays chauds succombent à une température de quelques degrés au-dessus de zéro, et qui ne peut dès lors congeler leurs sucs.

Il est certain cependant que des froids rigoureux amènent mécaniquement des déchirures considérables dans les végétaux. Sous l'action des fortes gelées de l'hiver, les arbres les plus vigoureux éclatent avec fracas, et les habitants des campagnes entendent avec effroi pendant la nuit des détonations comparables au bruit du tonnerre. Ces détonations se produisent très fréquemment, et sans aller dans les pays froids, le nord de la France les entend se produire presque à chaque hiver. Pour ces cas-là l'explication précédente est la seule admissible. La congélation de l'eau qui se trouve dans l'arbre, déterminant une augmentation de volume, amène la rupture de l'arbre. Aussi ces accidents se produisent-ils surtout dans les régions humides.

Dans la majorité des cas, elles font plus de bruit que de mal. L'arbre d'où vient de partir un bruit formidable ne semble pas endommagé ; mais si on le considère de près, on voit, partant du bas et s'élevant à une hauteur de deux ou trois mètres, une fissure étroite, verticale, qui s'étend jusqu'au centre de l'arbre; sa largeur est de quelques millimètres, rarement de quelques centimètres. Dans les cas exceptionnels, la fente traverse l'arbre de part en part, et alors l'écartement peut atteindre jusqu'à dix centimètres. Cette blessure ne cause pas le plus souvent grand dommage; quand la glace qui est à l'intérieur s'est fondue, la fente disparaît, les parties se rapprochent, et l'arbre continue à végéter. Mais si, longtemps après l'accident, le tronc est scié horizontalement, on voit, sous les couches continues déposées pendant les dernières années, la fente nettement tracée, et l'on peut, en comptant les couches intactes, trouver la date de la rupture.

Chez les historiens on voit souvent citer ces détonations produites par les arbres que fend la gelée. Elles sont données comme une des preuves les plus remarquables de la violence extraordinaire du froid. La preuve n'est pas convaincante, car on entend souvent ces détonations par des températures ne dépassant pas 10 degrés au-dessous de zéro, températures qui se produisent presque chaque année dans le nord de la France.

Si la rupture des gros arbres ne cause que de faibles dommages, la perte des récoltes, des vignes et des arbres à fruits, est au contraire d'une importance immense. C'est la principale calamité des grands hivers, calamité bien plus grande que toutes celles dont nous avons parlé jusqu'ici.

Les morts d'hommes et d'animaux sous l'action du froid, les épidémies elles-mêmes qui, par suite du froid, augmentent dans de larges proportions la mortalité pendant les saisons rigoureuses, ne sont rien à côté des terribles famines qui, jusqu'à notre siècle, suivent presque tous les grands hivers. Les récoltes étant perdues, la vie devient impossible : le pays se trouve dans une situation analogue à celle des peuplades des régions polaires, mais avec une population proportionnellement deux ou trois cents fois plus considérable. Les hommes sont alors réduits à brouter l'herbe, à manger les aliments qui, d'habitude, servent de nourriture aux animaux immondes. En même temps que les céréales, le gibier, le bétail, font défaut, tués qu'ils sont les premiers par le manque de nourriture. De sorte que le mal s'accroît de lui-même, les ressources diminuant à mesure que les besoins augmentent. Et la misère publique prend d'horribles proportions.

Nous donnerons plus tard quelques développements sur l'une des plus terribles famines qui aient ravagé notre pays, celle de 1709; citons-en dès maintenant quelques autres.

La liste complète, si nous voulions la dresser, serait presque la même que celle des grands hivers, tant autrefois ces deux calamités se suivaient fatalement, une famine après un hiver rigoureux.

La famine et l'épidémie qui suivirent l'hiver de 874 firent périr, suivant l'annaliste de Fulde, le tiers de la population de la Gaule.

En 1044, la famine qui succéda à un hiver rigoureux fut telle, que beaucoup de pauvres gens furent réduits à manger des animaux immondes; en 1068, on mangea même de la chair humaine. En 1133, la disette fut affreuse à ce point que des populations entières furent réduites à se nourrir d'herbes, et qu'il se trouva des gens assez pressés par la faim pour exhumer les cadavres et se nourrir de leur chair.

L'hiver de 1316 fut très rigoureux en France, en Allemagne et en Angleterre. Dans ces contrées, la famine fut générale e amena à sa suite les plus terribles maladies. Lisons, dans l'Histoire d'Angleterre de Rapin de Thoyras, l'émouvant récit des souffrances qu'endurèrent les populations : « Cependant la famine ravageait la misérable Angleterre d'une si terrible manière, qu'on ne peut presque ajouter foi à ce que les historiens en rapportent. Ils ne se sont pas contentés de dire que les animaux pour lesquels on a le plus d'horreur servaient de nourriture aux hommes; mais, ce qui est bien plus horrible, qu'on était obligé de cacher les enfants avec un soin extrême, si l'on ne voulait les exposer à être dérobés pour servir d'aliments aux larrons. Ils assurent que les hommes mêmes prenaient des précautions pour s'empêcher d'être assommés dans les lieux secrets, sachant qu'il n'y avait que trop d'exemples que quelques-uns en avaient été ainsi traités, pour repaître ceux qui ne pouvaient trouver la nourriture par d'autres moyens. On voit encore, dans les histoires de ce temps-là, que ceux qui étaient renfermés dans les prisons se dévoraient impitoyablement les uns les autres, l'extrême disette de vivres ne permettant pas qu'on leur fournît les aliments nécessaires. Une dyssenterie, qui provenait de la mauvaise nourriture, acheva de mettre le comble à la misère des Anglais. Il en mourut tous les jours un si grand nombre, qu'à peine les vivants pouvaient-ils suffire à enterrer les morts. Le seul remède qu'on put trouver contre la famine, mais qui ne fut pas capable d'apporter tout le changement nécessaire, fut de défendre, sous peine de la vie, de brasser aucune sorte de bière. C'était afin que le grain qu'on employait ordinairement à faire ce breuvage servît à faire du pain. »

Du reste, il semble qu'on se soit assez souvent résolu à manger de la chair humaine dans les siècles qui ont précédé le nôtre. Du moins, on trouve dans les historiens de nombreuses affirmations de ce fait monstrueux. Pour n'en citer qu'un de plus, pendant le siége de Paris par Henri IV, en 1590, alors que les habitants en étaient réduits à manger des animaux immondes, des bouillies d'herbe, et le cuir des souliers, une mère aurait tenté de manger ses deux enfants. Elle en mourut, et ses héritiers, car elle était riche, trouvèrent encore quelques membres des malheureux, qu'elle avait fait saler pour les conserver plus longtemps.

En 1420, la famine fut grande à Paris, et pendant que les malheureux allaient à la recherche des plus vils aliments, les loups arrivaient jusque dans la ville, qui était devenue comme une vaste solitude.

Il ne faudrait pas croire, cependant, que toutes les famines aient été causées par la rigueur des hivers. Beaucoup l'ont été aussi par leur trop grande douceur, qui déterminait une végétation trop hâtive, détruite ensuite par les gelées de mars et d'avril. C'est ce que les historiens nomment le renversement des saisons. D'autres enfin, et non les moins terribles, étaient la suite des guerres étrangères et des discordes civiles, qui détournaient si souvent les hommes de la culture de la terre.

Ainsi le douzième siècle fut affligé de deux épouvantables famines, dues justement au dérèglement des saisons. L'une, la plus longue et la plus désastreuse, arriva en 1108. Elle dura trois ans et dépeupla presque tout notre hémisphère, au rapport de Mézeray. « Les loups venaient manger les hommes jusque dans les villes; et les hommes mêmes, devenus loups à l'endroit de leurs semblables, les assommaient pour les dévorer. La seconde arriva sous le règne de Philippe-Auguste et fut un peu moins cruelle. Mais, pendant cette seconde famine, il se produisit de si grands et si fréquents prodiges, que tout le monde attendait à toute heure le jugement dernier. »

Puis vient une longue et complaisante énumération de ces prodiges. Ici ce sont des éclipses qui frappent l'imagination populaire; là on voit dans les airs deux armées de flammes qui s'entre-choquent avec un bruit étrange; ailleurs c'est un pain qui, en sortant du four, laisse écouler une grande quantité de sang; enfin, dans un autre endroit, une mère porte son enfant pendant deux ans, et cet enfant parle en naissant. Et l'historien, dont la crédulité dépasse toute imagination, ajoute naïvement : « J'obmets plusieurs autres prodiges, parce qu'ils ne paroîtroient pas vray-semblables, quoique peut-être ils fussent vrais. »

Et voilà pourtant sur quelles autorités nous devons nous appuyer pour tracer l'histoire des grandes intempéries anciennes ! Dans les témoignages que nous rapporterons, nous devons donc faire une large part à la fable et à l'invention.

On pense bien que de si terribles calamités n'étaient pas sans porter une rude atteinte à la santé publique. Outre les gens qui mouraient de faim, et ils étaient souvent en fort grand nombre, il y avait ceux qui étaient victimes des épidémies causées par la misère et la mauvaise nourriture. Ces victimes-là étaient encore les plus nombreuses. La cause première de la mort était la même pour tous, c'est seulement le mode qui différait.

Mézeray décrit une de ces épidémies. C'était sous François Ier; plusieurs années s'étant écoulées successivement presque sans hiver, il en résulta une perturbation profonde dans la végétation, et une horrible famine. La misère était générale : « La nécessité, mère de toutes les inventions, fit enfin trouver le moyen aux indigents de faire du pain de gland et de racines de fougères, les fruits et les herbes n'étant pas capables de les sustenter. Mais de cette mauvaise nourriture s'engendra une nouvelle maladie, inconnue aux médecins, qui était si contagieuse qu'elle saisissait incontinent quiconque approchait de ceux qui en étaient frappés. Elle portait avec soi une grosse fièvre continue qui faisait mourir son homme en peu d'heures, d'où elle fut dite *trousse-galant.* »

Quels moyens employait-on à cette époque pour mettre fin à de telles calamités? D'abord les aumônes, la charité publique; mais le remède était mince et ne servait qu'à un bien petit nombre. Du reste, que peut faire la charité dans de semblables circonstances? La famine se déclare quand un pays n'a pas, par suite d'événements malheureux, produit de quoi suffire à son alimentation. La charité publique a beau se multiplier, elle ne peut créer des subsistances, elle ne peut rien contre la famine. Mieux vaudraient quelques sacs de blé amenés dans un pays affamé, que tout l'or du monde.

Le second moyen, à peine plus efficace, était la perquisition à domicile, la réquisition des grains. Dans toutes ces famines nous voyons intervenir des arrêts ordonnant un recensement général de tous les grains en magasin, interdisant aux détenteurs d'en faire le commerce en gros, les obligeant, sous les

Hiver de l'année 1108.

peines les plus sévères, à les conduire au marché pour y être vendus en détail aux pauvres gens. Mesure excellente, mais absolument insuffisante.

Il faut dire, pour rendre hommage à la vérité, qu'on voyait vaguement le véritable remède, mais sans avoir le moyen ni peut-être la ferme volonté de l'employer. On faisait venir du blé des pays voisins ; mais, à cause de l'insuffisance des moyens de transport, et du retard apporté à la prise de ces mesures, on ne ressentait qu'un bien faible soulagement.

De plus, les famines étant dues beaucoup plus souvent à la guerre civile ou étrangère qu'aux intempéries des saisons, la cause même qui l'avait fait naître empêchait qu'on pût même songer à y porter remède.

La dernière ressource, comme les autres inefficace, mais qui donnait au moins aux malheureux quelque espérance, était celle des prières publiques.

Félibien, dans l'Histoire de Paris, fait le récit d'une procession qui eut lieu dans la capitale en 1587, dans le but de faire cesser la famine et la contagion qui décimaient la population. Nous allons voir avec quelle pompe ces cérémonies étaient faites :

« Après avoir employé tous les secours humains, on eut recours aux prières publiques pour fléchir le ciel sur tant de misères. On fit, le 9 de juillet, une procession générale, où fut portée la châsse de Sainte-Geneviève, avec toutes les cérémonies accoutumées. Cette procession fut bientôt suivie d'une autre plus particulière et aussi solennelle. Le mardi 21 du même mois, le cardinal de Bourbon, abbé de Saint-Germain des Prés, qui avoit commencé l'année précédente à bâtir son palais abbatial, fit faire la procession en cet ordre. A la tête de la procession paroissoient les enfants du faubourg, garçons et filles, la plus part vêtus de blanc et pieds nuds, et tant les uns que les autres avec un cierge à la main. Venoient ensuite les Capucins, les Augustins, les Cordeliers, les Pénitents blancs, et le clergé de Saint-Sulpice. Tout cela précédoit les religieux de l'abbaye qui marchoient les derniers. Plusieurs d'entre eux tenoient en leurs mains des reliques. Les autres reliquaires, au nombre de sept châsses, étoient portés par des hommes nuds en chemise et couronnés de fleurs. La châsse de S. Germain faisoit la huitième. Elle étoit précédée de douze autres hommes aussi couronnés de fleurs, et portée de même que les sept premières. Le chœur étoit secondé d'une musique très harmonieuse. Le roi assistoit à la procession et étoit mêlé avec ceux de sa confrérie. Les deux cardinaux de Bourbon et de Vendôme y étoient aussi dans leurs habits rouges, suivis d'un grand concours de toute la ville. »

L'historien oublie de nous rapporter si cette imposante cérémonie eut l'effet qu'on en attendait et si elle fit cesser les souffrances du peuple. Mais il remarque que tout s'y passa avec tant d'ordre que le roi en parla le même jour à son dîner, et dit que le cardinal de Bourbon son cousin en avait tout l'honneur. Il ne manque pas ensuite de parler de l'achèvement du palais abbatial de Saint-Germain des Prés, qui lui tient plus au cœur que les famines, dont il n'est plus question.

CHAPITRE III

LA NEIGE.

La neige est la pluie de l'hiver. Presque chaque fois que la température de l'air s'abaisse au-dessous de zéro, l'eau des nuages, ne pouvant demeurer à l'état liquide, cristallise sous les formes les plus variées. Sa chute, arrêtée en partie par la résistance de l'air, qui trouve à s'exercer sur ces cristaux si ramifiés, devient plus lente. Cette pluie nouvelle, au lieu de suivre les pentes pour aller de suite grossir la rivière, s'arrête où elle tombe ; au lieu de s'infiltrer dans le sol, elle reste à la surface, constituant un blanc manteau dont l'épaisseur va en augmentant à mesure que se prolonge la chute.

Dans les régions de la zone glaciale, où la température reste pendant plusieurs mois constamment inférieure à zéro, la pluie liquide est inconnue; pendant les longues nuits d'un hiver presque sans fin il ne tombe que de la neige. Quand arrivent les chaleurs, les couches accumulées forment une épaisseur considérable.

Sur les montagnes assez élevées de la zone tempérée, et même de la zone torride, l'accumulation des neiges est tout aussi grande.

Pour n'en donner qu'un exemple, disons qu'Agassiz, étant à l'hospice du Grimsel, dans les Alpes, à une hauteur de 1874 mètres au-dessus du niveau de la mer, a vu tomber pendant six mois d'hiver l'énorme couche de 17 mètres de neige. Cette neige, fondue, aurait donné une épaisseur d'eau de $1^{m}.50$; c'est deux fois et demie la masse d'eau qui tombe à Paris en une année entière.

Dans nos plaines il s'en faut de beaucoup que l'épaisseur approche jamais de celle que nous venons de citer. Le nombre des jours où il neige est fort restreint en tous les points de la France; dans le midi, la neige est rare; dans le centre, des hivers entiers se passent quelquefois sans qu'elle ait fait son apparition. De plus, la neige ne reste chez nous que peu de temps sur le sol, et chaque nouvelle chute qui se produit trouve le plus souvent le sol absolument découvert. Ce sont des hivers rares, et tout à fait exceptionnels, ceux où la neige demeure plusieurs semaines sur le sol dans les plaines, ceux où elle atteint une épaisseur dépassant 20 centimètres.

M. de Gasparin divise l'Europe en trois régions au point de vue de la neige. La région du midi, où la neige fond en tombant; la région du centre, où elle reste un certain temps sur le sol. Le nord de la France est dans la seconde de ces régions, le midi dans la première. Enfin la région du nord, qui conserve la neige pendant tout l'hiver.

Cette division n'a rien d'absolu, et il arrive quelquefois que, dans le midi de la France, la neige demeure plusieurs semaines.

Même en Italie, dans les plaines et sur les montagnes peu élevées, l'histoire a enregistré des chutes de neiges abondantes qui se sont conservées sans fondre pendant une grande partie de l'hiver.

C'est ainsi qu'en 271 avant Jésus-Christ, il y eut tant de neiges en Italie que le Forum, à Rome, en resta couvert pendant quarante jours jusqu'à une hauteur prodigieuse.

Nous serions en droit de nous demander ce que signifie pour l'historien « une hauteur prodigieuse », mais nous n'en ferons rien. Il faudra, en effet, nous contenter, dans les nombreux renseignements que nous emprunterons aux chroniqueurs, comme dans ceux que nous leur avons déjà empruntés, de termes vagues ou d'affirmations sans preuves. Ce qu'ils nous racontent, ils l'ont rarement vu; ils sont les échos, plus ou moins fidèles, des bruits qui parviennent jusqu'à eux. Nous les prendrons si souvent en flagrant délit d'exagération ou de crédulité naïve, qu'il sera prudent de ne les croire qu'à moitié. Mais, dans l'impossibilité où nous serons de contrôler leurs affirmations, nous devrons nous contenter de citer leurs textes sans y ajouter de commentaires. — Ceci dit, reprenons nos citations.

La seconde guerre punique, en 210 avant notre ère, nous montre de nouveaux exemples de l'abondance et de la persistance des neiges dans l'Italie et l'Espagne. Nous allons en emprunter le récit à Tite-Live. Il est vrai qu'il s'agit ici de régions montagneuses; mais les neiges dont on nous parle sont bien réellement des neiges exceptionnelles même pour ces régions. Annibal, franchissant les Alpes avec son armée pour passer en Italie, est presque arrêté dans les montagnes par d'énormes neiges. Il a les plus grandes peines à rendre à ses soldats la confiance et le courage. « Quoique les soldats fussent déjà prévenus par la renommée, qui exagère ordinairement les choses inconnues, quand ils virent de près la hauteur des montagnes, des neiges qui semblaient se confondre avec le ciel, de misérables cabanes suspendues aux pointes des rochers, le bétail et les chevaux rabougris par le froid, des hommes aux longs cheveux et presque sauvages, les êtres animés et inanimés paralysés par la glace, toute cette désolation de l'hiver, plus affreuse encore qu'on ne peut le décrire, renouvela la terreur de l'armée. »

Puis, lorsqu'il fallut passer les Apennins, l'armée d'Annibal fut assaillie par une furieuse tempête de vent et de pluie dans laquelle elle faillit périr. « Bientôt l'eau élevée par le vent, s'étant gelée sur le sommet glacé des montagnes, retomba en neige si forte et si pressée que, renonçant à tout, les hommes se couchaient ensevelis plutôt qu'abrités sous leurs vêtements. A cette neige succéda un froid d'une telle âpreté que de tous ces misérables, hommes et chevaux, étendus par terre, quand chacun voulut se relever et se redresser, de longtemps aucun ne le put... Ils passèrent deux jours en cet endroit, comme assiégés ; il y périt beaucoup d'hommes, de chevaux, et sept éléphants. »

Plutarque raconte une tempête de neige analogue, qui se produisit en Grèce au premier siècle de notre ère : « Vous avez entendu dire, à Delphes, écrit-il, que ceux qui allèrent au secours des bacchantes que la neige et un vent violent avaient surprises sur le sommet du Parnasse, eurent leurs manteaux tellement gelés par la rigueur du froid, qu'ils devinrent raides comme du bois, et qu'ils se déchiraient quand on voulait les étendre. »

Au moment où Annibal souffrait de la neige en Italie, les armées d'Espagne n'étaient pas plus heureuses. Scipion assiégeait la ville des Ausétans, voisins de l'Ebre : « Les assiégés n'avaient d'autre défense que l'hiver qui contrariait les assiégeants. Le siège dura trente jours, durant lesquels il y eut rarement moins de quatre pieds de neige; elle avait tellement recouvert les montagnes et les gabions des Romains, qu'elle suffit pour les protéger contre les feux quelquefois lancés par l'ennemi. »

Pour la France, les exemples de neige exceptionnelle ne manquent pas non plus; et s'il fallait prendre à la lettre les récits que nous allons en donner, il semblerait que les neiges aient été beaucoup plus abondantes anciennement qu'elles ne le sont aujourd'hui.

En l'année 763 de notre ère, il tomba, en certaines contrées de la Gaule, jusqu'à dix mètres de neige, à en croire les historiens.

De même, l'an 874, la terre demeura ensevelie sous la neige pendant cinq mois. Il en tomba de telles quantités que les chemins étaient devenus impraticables, les forêts inaccessibles, et que le peuple ne pouvait se procurer du bois.

Quelquefois même les neiges tombent en abondance à des époques où on est accoutumé de les voir disparaître tout à fait :

ainsi, en 893, il tombe beaucoup de neige au mois de mars, et en 975, au mois de mai.

Quelques siècles plus tard, en 1359, il y eut une quantité si prodigieuse de neige, que jamais il n'y en avait eu autant au dire des contemporains. A les entendre, il y en eut à Bologne jusqu'à dix brasses de hauteur, ce qui fait plus de dix-sept mètres. Les jeunes gens de la ville pratiquèrent, sous cet mmense amoncellement, des galeries et des salles de bal, dans lesquelles ils se plaisaient à donner des fêtes en mémoire d'un événement aussi extraordinaire.

Le midi de la France, qui voit actuellement assez peu de neige, semble en avoir eu pendant quelques siècles des chutes extraordinaires qui ne se sont pas reproduites depuis cette époque. On trouve en un vieux registre de Carcassonne, écrit en langue du pays, « que, l'an 1442, la reine de France, Marie d'Anjou, épouse du roi Charles VII, étant en cette ville, y fut assiégée par les neiges, hautes de plus de six pieds par les rues, et fallut que s'y tînt l'espace de trois mois, et jusqu'à ce que monsieur le Dauphin son fils la vînt quérir, et la conduisît à Montauban, où étoit le roi son père. »

Dans le siècle suivant, nous voyons dans cette même ville de Carcassonne des neiges tout aussi hautes. Ainsi, nous lisons dans l'*Histoire générale du Languedoc,* par un religieux bénédictin : « Le roi Charles arriva à Carcassonne le 12 janvier 1565. Il descendit à la Cité, et il devoit, le lendemain, faire son entrée solennelle dans la ville basse, dont les habitants avaient fait de grands préparatifs ; mais, comme l'hiver était fort rude, il tomba, la nuit, une si grande quantité de neige, que les arcs de triomphe qu'on avoit préparés furent tous renversés, et que le roi demeura comme assiégé dans la Cité pendant plusieurs jours. Le froid fut d'ailleurs si vif cette année, que plusieurs voyageurs moururent dans les chemins, que le Rhône fut glacé par trois fois du côté d'Arles, et que les orangers, les citronniers et tous les blés périrent. »

Et plus tard, toujours à Carcassonne, on vit une chute de neige extraordinaire. « En 1571, la neige couvrit la terre en Languedoc, en Dauphiné et en Provence pendant soixante jours de suite : on n'avoit rien vu de pareil depuis soixante-dix-sept ans. Il tomba une si grande quantité de neige à Carcassonne, qu'elle fit crouler plusieurs maisons par sa pesanteur, et que plusieurs habitants y périrent sans pouvoir recevoir de secours. Les autres furent obligés d'étayer leurs maisons. »

En 1755, on eut deux pieds de neige dans le midi. En 1757, l'hiver fut rude en Languedoc et en Provence. Ces contrées étaient encore couvertes de neige dans les premiers jours de février : elles avaient, au témoignage de la Condamine, l'aspect du sommet des Cordillères du Pérou. Un Lapon, suivant les expressions du célèbre naturaliste, ne s'y serait pas cru dépaysé.

Remarquons que, dans ces deux dernières années 1755 et 1757, on ne compte plus les neiges par brasses, mais seulement par pieds. Est-ce qu'elles étaient en réalité devenues moins abondantes? Ne serait-ce pas plutôt que les historiens, plus consciencieux et mieux renseignés, étaient devenus plus véridiques? Il y a peut-être l'un et l'autre.

Carcassonne, dans le midi, n'avait pas, pendant cette période, le privilége des grandes neiges, comme les récits précédents pourraient le faire croire.

Ainsi, en 1507, le jour des Rois, il tomba trois pieds de neige à Marseille. Cette grande quantité de neige est, au dire des historiens, un phénomène peut-être unique dans cette ville. On n'eut qu'à se louer de cette abondance, car, au milieu d'un hiver des plus rigoureux, un grand nombre d'arbres et les récoltes en terre furent protégés très efficacement de la gelée. Il résulte de tout ceci, d'une manière évidente, que tout le seizième siècle fut remarquable par l'énorme quantité de neige qu'on y vit dans le midi.

Il y en avait aussi beaucoup dans le nord au quinzième et au seizième siècle. Jacques du Clercq, dans ses *Mémoires*, dit que :

« An cinquante-sept (1457), il fut si fort et si grand hiver, et long, que, depuis la Saint-Martin d'hiver jusqu'au dix-huitième de février, il gela si fort que on passoit la rivière d'Oise et plusieurs autres rivières à chariot et à cheval ; et ce fut en la fin très grande neige, et si grande quantité en tomba, que quand il dégella il fit si grande lavasse qu'il n'étoit point mémoire d'homme que on les eut vu si grandes, et firent si grands dommages. »

Quittons un instant la France, pour rapporter un fait curieux. On lit dans les *Mémoires de l'Académie des sciences* pour l'année 1762, dans une communication de M. Guettard : « Un ambassadeur de la Porte à la cour de Varsovie, s'en retournant l'hiver à Constantinople, fut pris par la nuit dans un endroit éloigné de toute auberge; effrayé de passer la nuit à l'air, ses gens lui bâtirent une espèce d'appartement sous des monceaux de neige qu'ils amassèrent à cet effet; ils y formèrent plusieurs chambres et y établirent une cuisine et des chambres à coucher, dans une desquelles l'ambassadeur passa la nuit aussi commodément qu'il aurait pu le faire dans la meilleure auberge. »

Donnons, pour terminer cette série d'exemples des grandes neiges historiques, un récit du général Canrobert, relatif à un ncident de la guerre de Crimée, en 1855 : « L'armée, dit-il, conservera longtemps le souvenir de la journée du 16 janvier. Pendant vingt-quatre heures la nuit n'a cessé de régner sur nos bivouacs. D'épais nuages, inondant l'atmosphère d'une poussière de neige chassée par un vent glacé du nord-est, s'abaissaient jusqu'au sol. Dans les terrains les plus favorisés, la neige avait atteint une épaisseur de dix-huit pouces ; toute voie avait disparu ; toute direction faisait défaut aux mouvements des troupes, à ceux des convois commandés la veille pour assurer la subsistance des divers corps. On ne saurait imaginer de situation plus violente. »

Les tempêtes de neige, qui se produisent rarement dans les

plaines de la France, et n'y sont guère dangereuses, sont, au contraire, fréquentes et terribles dans les montagnes et dans les plaines désolées des régions polaires. Des masses énormes de neige, poussées par le vent, arrivent semblables à des avalanches. En un instant, des précipices immenses sont comblés, des gorges sont obstruées, et le voyageur, s'il n'a pas été enseveli dans la tourmente, cherche en vain sa route dans cette plaine d'apparence si douce, qui cache les bas-fonds les plus dangereux, et ne tarde pas à être englouti dans un gouffre qui subitement s'ouvre sous ses pas. D'autres fois, aveuglé par la neige qui lui fouette le visage, il est forcé de s'arrêter dans sa route et d'attendre sans espoir un secours qui ne lui vient pas. Le chemin qui traverse le grand Saint-Bernard est assez fréquenté par les voyageurs qui ont à franchir les Alpes; dans cette région élevée, les tempêtes de neige se produisent souvent. Mais là, au moins, ceux qui sont surpris par la tourmente peuvent conserver l'espérance : les religieux de l'hospice, secondés par les chiens les plus intelligents, arrivent souvent à temps pour les arracher à la mort.

La gelée blanche, le givre, qui couvrent quelquefois la terre et les arbres en hiver, et donnent souvent au paysage un aspect si pittoresque, ne sont autre chose que de la neige. L'humidité de l'air, au contact avec les objets que le rayonnement nocturne a fortement refroidis jusqu'à une température très basse, se dépose sous forme d'une rosée solide et cristalline. Ces aiguilles de givre atteignent parfois des dimensions étonnantes. Pendant l'hiver, toutes les parties saillantes de l'Observatoire du Puy de Dôme s'entourent d'une masse énorme de givre, semblable à celui qui recouvre d'ordinaire les arbres des forêts : il présente seulement un développement plus considérable. Les pointes ont jusqu'à un mètre de longueur. Ceux qui en hiver, ou même au printemps, gravissent la montagne, en sont absolument couverts. M. Faye raconte son ascension, en mai 1879 : « J'ai trouvé les neiges non encore fondues au sommet du Puy de

Dôme, et c'est au sein d'un nuage épais et froid qu'il m'a fallu gravir les dernières pentes. J'ai fait ainsi connaissance avec un milieu où ne pénètre guère le commun des mortels, si ce n'est les aéronautes. Et encore ceux-ci marchent avec les nuages qu'ils traversent verticalement; ils ne les reçoivent pas en pleine figure avec une vitesse de 85 mètres par seconde ou de 20

Les chiens du Grand Saint-Bernard.

lieues à l'heure, ce qui produit des sensations toutes particulières. Pendant que je me raidissais sur mon bâton pour résister, M. Alluard me dit : « Regardez donc votre poitrine du côté du vent. » Elle était toute hérissée de fines aiguilles de glace de un à deux centimètres de longueur. Ces aiguilles se reformaient dès qu'on les détachait en se brossant avec la manche. Sans doute elles étaient formées par une poussière absolument impalpable d'eau congelée ou à l'état de surfusion; cette poussière prenait une disposition cristalline dès que son mouvement était arrêté par un corps quelconque. Ce mode de cristallisation régulière, toute géométrique, à la rencontre violente avec un obstacle, est assurément un phénomène intéressant; s'il se prolonge, il ne devient pas pour cela confus; les aiguilles se renforcent, elles s'allongent, elles prennent jusqu'à un mètre et plus de longueur. »

Cette neige, compagne obligée de nos hivers, d'où vient-elle? Comment se forme-t-elle? C'est ce qui nous reste à examiner. D'où elle vient, il est facile de le dire. L'air, même le plus transparent, contient toujours beaucoup de vapeur : c'est le soleil qui, pompant pour ainsi dire l'eau de la surface des mers, des fleuves, du sol, entretient cette humidité constante de l'atmosphère. C'est là le réservoir immense où est puisée la neige. Cette vapeur, suffisamment refroidie dans les hautes régions, passe d'abord à l'état liquide pour former les nuages. Si le froid est assez intense, les gouttelettes aqueuses provenant de la condensation se solidifient séparément. Les microscopiques ragments de glace ainsi formés s'unissent les uns aux autres, et bientôt la masse est assez compacte pour constituer des flocons qui descendent lentement jusqu'à nous.

La disposition de ces flocons est remarquable. Le capitaine Scoresby en a le premier étudié scientifiquement la forme dans ses voyages dans les régions polaires. Leur disposition, d'une régularité parfaite, est d'une beauté merveilleuse. Lisons leur description, écrite par Tyndall : « Les cristaux de neige, formés dans une atmosphère calme, sont tous construits sur le même type; les molécules s'arrangent pour former des étoiles hexagonales. D'un noyau central sortent six aiguilles formant deux à deux des angles de 60 degrés. De ces aiguilles centrales sortent à droite et à gauche d'autres aiguilles plus petites, traçant à leur tour, avec une infaillible fidélité, leur angle de 60 degrés; sur cette seconde série d'aiguillettes, d'autres encore plus petites s'embranchent de nouveau, toujours sous le même angle de 60 degrés. Les fleurs à six pétales prennent les formes les plus variées et les plus merveilleuses; elles sont dessinées par la plus fine des gazes, et tout autour de leurs angles on voit quelquefois se fixer des rosettes de dimensions encore plus microscopiques La beauté se superpose à la beauté, comme si la nature, une fois à la tâche, prenait plaisir à montrer, même dans la plus étroite des sphères, la toute-puissance de ses ressources. »

Mais la neige n'a pas seulement l'avantage d'être belle, elle est aussi bienfaisante. Son rôle sans contredit le plus important, c'est la régularisation du régime des eaux. Accumulée sur le sommet des montagnes, elle ne fond que peu à peu. Sur les montagnes assez élevées, elle ne disparaît jamais complètement, ne fond qu'à peine, et se transforme progressivement en glace. Le glacier ainsi formé coule le long de la montagne pour aller se fondre dans la plaine. C'est cette fonte progressive des neiges d'abord, du glacier ensuite, qui alimente nos rivières et nos fleuves pendant la saison sèche. Grâce à elle, nous avons encore en automne des cours d'eau qui coulent à pleins bords, et la source qui les alimente n'arrive jamais à se tarir. Sans la neige, nous n'aurions que des torrents, dévastateurs en hiver, sans eau en été.

Il faut bien dire pourtant que la neige manque de temps en temps à sa mission. Il lui arrive d'oublier son rôle modérateur et de devenir la source de calamités épouvantables. Quand arrive un dégel rapide et que les plaines basses sont couvertes de neige, la fonte se fait quelquefois plus vite qu'il ne faudrait, et il en résulte les inondations les plus désastreuses.

Les années où la neige est tombée en grande abondance ont presque toutes été marquées par des inondations. Celles de ces inondations qui sont uniquement dues à la fonte trop rapide nous occuperont seules pour le moment; nous parlerons plus tard des débâcles qui rendent souvent le mal plus grand encore.

En 1003, l'hiver fut suivi d'inondations désastreuses.

« En 1296, le 20 décembre, raconte Félibien, la Seine crut à un tel point, qu'elle causa dans Paris la plus grande inondation dont l'on eût encore entendu parler. Non-seulement toute la ville se trouva entourée d'eau, mais les rues en furent si remplies qu'on ne pouvait aller dans aucun quartier sans bateau. La crue de la rivière et l'impétuosité des flots firent tomber les deux ponts de pierre avec les maisons qui étaient dessus, et leur chute écrasa les moulins qui étoient dessous. Le petit pont du Châtelet fut aussi renversé. Cette inondation dura huit jours entiers, pendant lesquels il fallut remplir des bateaux de vivres et les porter aux habitants, pour les empescher de mourir de faim. »

En 1480, une autre grande inondation fit de grands ravages à Paris. « L'hiver 1493-1494 ne fut pas d'une grande rigueur, mais il se fit remarquer par de terribles inondations. La rivière envahit la place de Grève, la place Maubert, la rue Saint-André-des-Arts. Le 12 janvier on promena solennellement les châsses de saint Marcel, de saint André, de saint Proxent, de saint Blancard, de sainte Anne et de sainte Geneviève pour conjurer le fléau. On érigea, au coin de la *Vallée de misère*, un pilier portant une image de la Vierge avec cette inscription :

> « Mil quatre cens quatre-vingt-treize,
> Le septième jour de janvier,
> Seyne fut ici à son aise,
> Battant le siège du pillier. »

Mais ce n'est pas seulement en hiver qu'on a à craindre les inondations résultant de la fonte des neiges. Au printemps, à l'été, celles des montagnes fondent quelquefois avec une telle rapidité que les mêmes faits se reproduisent.

Du 21 au 24 juin 1875, des pluies torrentielles tombèrent, sans discontinuer, dans tout le bassin de la Garonne; ces pluies, à elles seules, eurent suffi pour déterminer une crue assez forte, mais non pour amener la terrible inondation dont personne n'a perdu le souvenir. Poussés par un vent tiède qui les échauffait, les nuages rencontrèrent les Pyrénées, alors couvertes d'une prodigieuse quantité de neige : il n'en fallut pas davantage pour déterminer une fonte générale, qui s'opéra avec une rapidité qui allait devenir fatale. Les eaux provenant de la pluie, et celles plus abondantes encore que produisait la fusion, arrivèrent en même temps dans les affluents de la Garonne et dans le fleuve lui-même, et la crue prit dès le début des proportions inquiétantes.

L'intrépide général Nansouty, installé depuis quelques jours à son observatoire météorologique du pic du Midi, avait vu le danger : la vallée de la Garonne était menacée d'une dévastation complète. Il fallait porter dans la plaine un avertissement qui, s'il arrivait à temps, pouvait sauver bien des existences. Les deux braves qui constituaient tout le personnel de l'observatoire n'hésitèrent pas. Pendant que le général demeurait seul, au sommet du pic, à continuer les observations, se demandant s'il n'allait pas y périr emporté par l'ouragan, son compagnon, M. Baylac, ne consultant que son courage, entreprenait une descente impossible. Perdu dans une effroyable tourmente, disparaissant presque à chaque pas dans une immense couche de neige fondante, il parvenait enfin au but de son voyage.

Mais tant de dévouement devait être inutile. Sur ces pentes rapides l'eau descendait plus vite que M. Baylac : elle était arrivée avant lui. Depuis cette époque, le pic du Midi possède une station télégraphique; installée quelques mois plus tôt, elle eût empêché la mort de nombreuses victimes.

On n'avait encore eu le temps de prendre aucune mesure, que déjà une partie de Toulouse était envahie. Le 23 juin, le faubourg Saint-Cyprien s'abîmait presque soudainement sous les eaux. Ses 30 000 habitants, dont un petit nombre seulement avaient songé à fuir, se trouvaient entourés par les flots, isolés du reste du monde. Puis, l'eau montant toujours, le spectacle devint plus lugubre. Les maisons, s'écroulant avec un fracas sinistre, entraînaient dans leur ruine leurs malheureux habitants. De sinistres épaves, meubles, poutres, tonneaux, lits, berceaux, cadavres même, étaient charriées par un courant auquel rien ne pouvait résister. En vain les habitants de la ville et les soldats de la garnison firent des prodiges, en vain les dévouements furent nombreux et sublimes, les malheurs ne purent être évités. Tous les ponts emportés, un immense faubourg d'une grande ville détruit, plusieurs villages absolument rasés, toutes les récoltes perdues, plus de quatre cents victimes, voilà ce qu'avait fait cette fonte des neiges.

L'année suivante, en février 1876, l'importante inondation de la Seine a été, au moins en grande partie, déterminée par la fonte des neiges, arrivée en même temps sur tout le bassin.

Quelques années plus tard, une catastrophe bien autrement terrible que celle de Toulouse devait encore avoir la même cause. A la suite de la température printanière du mois de février 1879, les neiges des hauts plateaux de la Hongrie fondirent prématurément. La Theiss, subitement grossie, vint détruire presque complètement la grande ville de Szegedin.

Pour ne pas rester sur d'aussi tristes tableaux, et nous réconcilier avec cette belle neige qui, malgré ses effroyables emportements, nous fait beaucoup plus de bien que de mal, indiquons son rôle protecteur pour la végétation. La neige, en effet, conduit très mal la chaleur, c'est-à-dire qu'elle empêche le sol qu'elle recouvre de se refroidir par l'effet du rayonnement nocturne. Elle agit comme un manteau de fourrure qui recouvrirait la surface de la terre.

Le thermomètre nous montrera nettement combien cette préservation est efficace. Un thermomètre suspendu à un mètre au-dessus du sol, abrité par un toit métallique qui laisse librement circuler l'air, nous donne la température vraie de l'atmosphère. Étendons horizontalement sur la neige, en dehors

1875. Toulouse. — L'eau montant toujours, le spectacle devint plus lugubre.

de l'abri, un second thermomètre : il indiquera pendant la nuit, et surtout le matin, une température plus basse que le premier; c'est l'effet du rayonnement. Mais ce refroidissement est tout superficiel. Un troisième thermomètre, placé à quelques centimètres sous la neige, marquera au contraire une température plus élevée que celle de l'air. Bien plus, si l'épaisseur de neige est assez grande, le froid de l'extérieur ne pénétrera dans la couche qu'avec une extrême lenteur, et le sol conservera toujours une température à peine inférieure à zéro. Sous une couche de neige de dix centimètres d'épaisseur, la température du sol s'abaisse bien rarement plus bas que — 3°, et toutes les plantes de nos pays peuvent supporter, sans périr, cette température.

C'est pour cette raison que les grands hivers sans neige sont les plus désastreux pour la végétation. Chaque fois que, à la suite d'un hiver rigoureux, la récolte est relativement bonne, c'est à l'abondance des neiges qu'il faut l'attribuer.

CHAPITRE IV

LA GLACE.

Sous l'action du froid, l'eau se change beaucoup plus souvent en glace qu'en neige. Il nous faut dire deux mots des propriétés de cette eau solide, car elles jouent dans la nature un rôle capital.

Exposons à une basse température d'hiver un vase plein d'eau. Nous verrons bientôt la partie supérieure du liquide se solidifier, et, l'action du froid se prolongeant, la couche solide augmentera d'épaisseur jusqu'à ce que toute l'eau soit convertie en une masse transparente, dure, mais fragile. Cette masse transparente, cette eau solide, c'est la glace.

La transparence de la glace est telle que les Lapons en construisent des vitres à travers lesquelles le jour pénètre dans leurs cabanes souterraines. Transparente pour la lumière du soleil, elle l'est un peu aussi pour sa chaleur, absolument comme le verre. Aussi de nombreux voyageurs dans les régions polaires ont-ils pu allumer du feu par la concentration des rayons solaires au moyen d'une lentille de glace. Mais cette transparence pour la lumière et la chaleur n'ayant qu'une faible importance, arrivons rapidement à l'énumération de quelques autres propriétés.

La glace flotte à la surface des mers, des lacs, des rivières; elle est donc plus légère que l'eau. Sous ce rapport, comme sous beaucoup d'autres, l'eau présente une exception, car presque tous les liquides produisent en se solidifiant une masse plus lourde qui va au fond. C'est que l'eau, en se congelant, au lieu de diminuer de volume, subit au contraire une expansion très notable.

Cette expansion de volume se produit avec une force considérable, presque irrésistible, qui a été observée scientifiquement pour la première fois en, 1607, par Huygens. Il a rempli d'eau deux moitiés d'un canon de pistolet et les a très exactement fermés avec des vis et du plomb fondu. Ces canons de pistolet, exposés à l'air par un froid très vif, furent brisés par l'effet de la congélation de l'eau. L'expérience, qui avait été très remarquée, fut répétée par plusieurs savants pendant les rudes froids de l'hiver de 1670.

La force expansive de la glace peut briser des obstacles encore plus résistants. Ainsi, le major d'artillerie Edward William, étant à Québec par un froid très vif, remplit d'eau une bombe de 13 pouces de diamètre, ferma le trou de la fusée avec un bouchon en fer fortement enfoncé, et l'exposa à la gelée. Au bout de quelque temps le bouchon de fer fut lancé à une grande distance, et un cylindre de glace de 8 pouces de long sortit de l'ouverture. Dans une autre expérience, le bouchon ayant résisté, la bombe elle-même fut fendue.

Les anciens connaissaient parfaitement les effets de la congélation de l'eau. Plutarque, dans son traité sur *la Cause du froid,* raconte que « dans les climats où l'hiver est très rude, le froid fait éclater les vaisseaux de cuivre et de terre, et jamais quand ils sont vides, mais seulement quand ils sont pleins, parce qu'alors le froid donne à l'eau une très grande force. »

Que de fois, de nos jours, se produisent ces accidents signalés par Plutarque. Tout vase, tout tuyau de conduite des eaux dans lequel se forme la glace est perdu si la dilatation ne peut s'y produire librement. Les canalisations d'eau des villes, les pompes des particuliers, sont rompues en maints endroits quand on n'a pas eu la précaution de les maintenir vides pendant l'hiver. Les pierres assez poreuses pour s'imprégner d'eau se brisent sous l'action de la gelée; les plantes dont les canaux sont gorgés de sève ont le même sort.

A côté des conséquences fâcheuses de l'expansion de l'eau

qui se gèle, il convient de placer ses avantages. Supposons la glace plus lourde que l'eau. Au fur et à mesure de sa formation, elle se rendra au fond de la mer, du lac, de la rivière dans laquelle elle aura pris naissance; l'eau, toujours en contact avec une atmosphère glacée, continuera à se congeler, et l'amoncellement du solide sur le fond augmentera de plus en plus. A la fin d'un hiver rigoureux, la masse de glace sera énorme; elle comblera le lac, elle obstruera la rivière, elle déterminera la perte de tous les animaux aquatiques. Dans la réalité, au contraire, nous voyons les glaces surnager, former à la surface une croûte solide. L'eau qui continue à couler au-dessous est dès lors préservée du froid comme le sol l'est par la neige; elle ne se gèle plus qu'avec une extrême lenteur; la couche de glace n'augmente pas indéfiniment d'épaisseur. Que le dégel vienne, elle sera aisément fondue, rapidement entraînée, et la rivière reprendra son aspect normal.

Revenons à la force expansive de la glace. Aussi grande qu'elle soit, elle n'est cependant pas irrésistible; si le vase qui renferme l'eau est assez résistant, comme le serait, par exemple, un canon d'acier très épais, la rupture ne se produit pas. Dans ce cas, la congélation n'a pas lieu, et l'eau demeure liquide malgré le refroidissement intense auquel on la soumet. C'est que les deux faits, expansion, congélation, ne peuvent être séparés; tout obstacle opposé au premier arrête en même temps le second. On peut donc avoir, sans forte pression, de l'eau liquide beaucoup plus froide que la glace. Mais si la pression, qui seule s'opposait à la formation de la glace, disparaît, la masse entière de l'eau prendra immédiatement l'état solide.

Réciproquement, du reste, si on presse très fortement un morceau de glace de manière à diminuer son volume, elle redeviendra liquide, quoique étant plus froide que zéro, sa température normale de fusion. Cette fusion, bien entendu, ne sera que momentanée, et ne durera pas plus longtemps que la pression qui l'a produite. C'est Faraday qui le premier a découvert, en 1850, l'action d'une pression extérieure sur la formation de la glace. Le phénomène a été ensuite étudié par plusieurs savants, et notamment par M. Tyndall. Son importance est telle pour le sujet qui nous occupe, que nous devons le mettre en évidence par quelques expériences simples.

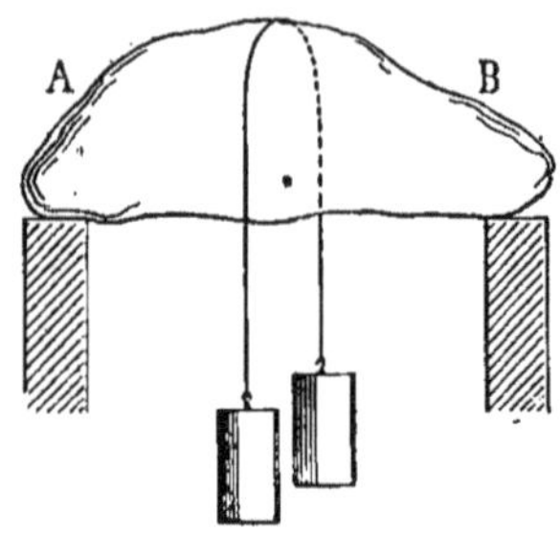

AB est un bloc de glace appuyé sur deux supports par ses extrémités. A cheval sur ce morceau de glace, plaçons un fil de fer fin fortement tendu par deux poids un peu ourds. Nous verrons le fil pénétrer peu à peu dans la glace, la couper entièrement, pour tomber bientôt au-dessous. Et cependant, quand le fil de fer aura tout traversé, nous trouverons le bloc de glace entier, d'un seul morceau, comme auparavant. La pression du fil avait d'abord déterminé la fusion de la glace ; elle n'aurait pas été coupée sans cela, car elle n'est ni molle, ni plastique. Mais l'eau résultant de la fusion passant au-dessus du fil, et n'étant plus comprimée, s'est regelée à mesure qu'elle se produisait, et a ressoudé ainsi les deux morceaux.

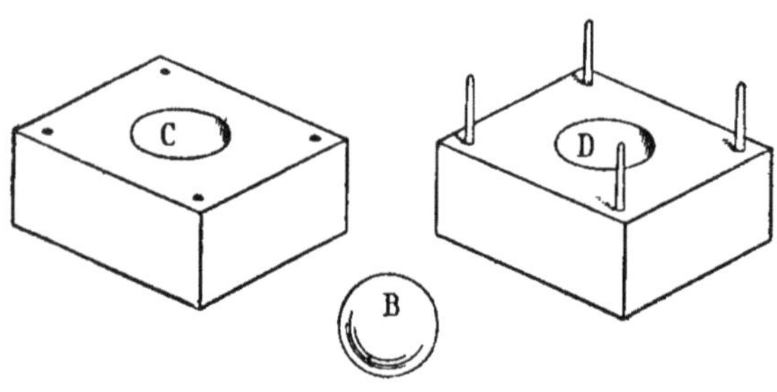

Voici maintenant un autre bloc de glace. Après l'avoir mis

au-dessus d'une cavité hémisphérique C, taillée dans un morceau de bois dur, recouvrons-le d'une seconde cavité D semblable à la première, et comprimons fortement au moyen de la presse hydraulique. Des craquements se font entendre qui indiquent la rupture de la glace; de l'eau s'écoule en assez grande quantité, indice de fusion, puis les deux parties du moule se rejoignent. Séparons-les, nous obtiendrons une sphère de glace B, parfaitement transparente, d'une seule pièce. La glace qui avait été fondue par la pression se regèle aussitôt que cesse cette pression en produisant la sphère parfaite que nous admirons.

Les phénomènes de dégel et de regel ont dans la nature une grande importance. C'est grâce à eux que la neige pulvérulente, chauffée et serrée entre les mains, se transforme en une boule dure et solide dont les enfants savent si bien tirer parti; que la neige des hautes montagnes se transforme peu à peu en glace capable de couler le long des flancs de la montagne comme un lent torrent d'eau; que les glaçons charriés par un fleuve se soudent entre eux pour former une nappe continue; que, dans les débâcles, cette nappe disjointe par la crue des eaux peut se reformer de nouveau, et constituer dès lors une barrière infranchissable qui arrête le courant et détermine en amont de terribles inondations. Nous reviendrons sur tout cela.

Mais si la glace a de singulières et importantes propriétés, l'eau aussi présente des particularités précieuses que nous devons connaître si nous voulons comprendre comment se congèlent les fleuves et les lacs. Tandis que tous les liquides se contractent sous l'action du froid, l'eau seule fait exception. Refroidie à partir de 20 degrés, elle commence par diminuer de volume; mais arrivée à la température de quatre degrés, sa contraction cesse et se change en une dilatation qui continue jusqu'au moment de la congélation.

Une expérience bien simple nous permettra de mettre cette propriété en évidence. Remplissons d'eau un tube thermométrique A et exposons-le au froid de l'hiver, en même temps qu'un thermomètre à alcool B. Le liquide descendra d'abord dans les deux vases, par suite de la contraction que produit le froid; mais au moment où le thermomètre indiquera la température de 4 degrés, nous verrons l'eau cesser de descendre dans le tube A pour prendre une marche ascensionnelle. A partir de là, les deux appareils auront une marche inverse, le liquide montant dans l'un, descendant dans l'autre. L'ascension de l'eau sera lente d'abord; mais à partir de zéro, alors que la glace commencera à apparaître, elle sera bien plus rapide par suite de la formation du solide. En somme, l'augmentation considérable qui doit se produire dans le volume au moment de la congélation commence dès la température de 4 degrés; à cette température, l'eau a un maximum de densité; elle est plus lourde qu'à toute autre.

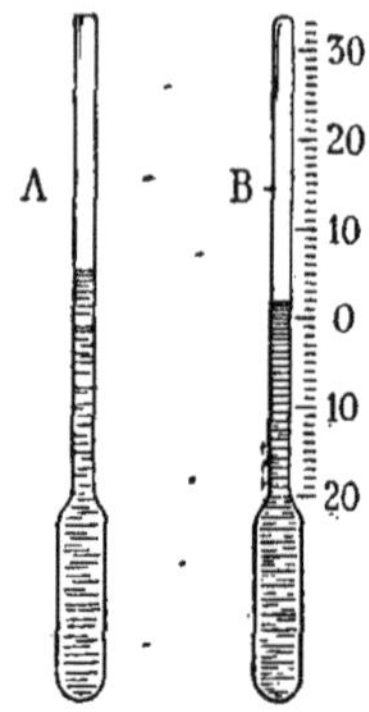

L'expérience bien connue de Hoppe, un peu modifiée, va nous aider à tirer de ce fait une conséquence importante. Trois thermomètres sont plongés dans un vase plein d'eau de façon à donner à chaque instant la température du fond, du milieu et de la surface du liquide. Le tout est abandonné à un refroidissement lent dans une atmosphère à basse température. Les trois thermomètres, qui donnent d'abord la même indication, ne tardent pas à se séparer. A mesure que l'eau voisine de la surface et des parois se refroidit, elle devient plus lourde, glisse lentement vers le fond; A va seul baisser jusqu'à ce qu'il arrive à marquer la température de quatre degrés. Dès lors le liquide du fond, aussi lourd que possible, deviendra immobile; des couches successives d'eau

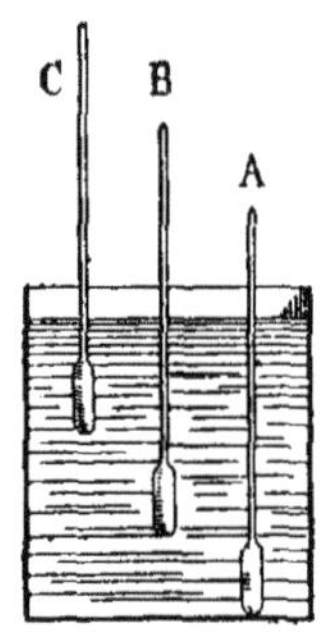

à quatre degrés se superposeront à la première, et, successivement, les thermomètres B et C donneront la même indication. Voilà donc toute la masse à 4 degrés. Le refroidissement continue, l'eau plus froide devient plus légère, monte, et c'est le thermomètre C qui va seul baisser; il ne tardera pas à marquer zéro, et la congélation commencera à la surface du liquide, produisant une glace plus légère encore qui restera en haut; puis, l'action du froid se prolongeant encore, B et ensuite A arriveront à zéro; la glace se formera sur les parois, augmentera d'épaisseur jusqu'à ce que toute la masse soit solidifiée.

Recommençons l'expérience dans des conditions différentes, en enterrant le vase dans la terre, de façon que le refroidissement ne se produise que par la surface. Le commencement du phénomène ne sera pas modifié; il se produira seulement avec plus de lenteur. Mais à partir du moment où les trois thermomètres marqueront à la fois la température de 4 degrés, tout changera. L'eau refroidie seulement par la surface, devenant plus légère, restera à la partie supérieure, et le thermomètre du haut seul baissera; il atteindra bientôt zéro, et la glace commencera à se former. Nous aurons donc une couche de glace au-dessus d'une masse d'eau à 4 degrés. Cette glace, agissant en corps mauvais conducteur, empêchera le refroidissement de l'eau qui se trouve au-dessous; l'épaisseur de la couche n'augmentera qu'avec une grande lenteur, et après plusieurs jours, plusieurs mois même d'un froid assez vif, nous aurons encore, sous la glace, de l'eau à la température de 4 degrés. La masse entière ne deviendra solide que si le froid est très intense.

C'est justement ce qui se produit dans les lacs, où l'eau peut être considérée comme à peu près tranquille. Au commencement de l'hiver toute la masse d'eau est à la température de 15 à 20 degrés : elle se refroidit lentement de manière à atteindre 4 degrés dans toute sa profondeur; ce refroidissement sera fort lent si la profondeur du lac est considérable, et le plus souvent l'hiver sera terminé avant que le phénomène soit accompli. C'est pour cela que les grands lacs, et surtout les lacs profonds, se gèlent si rarement. Mais dès que la masse entière de l'eau sera arrivée à la température du maximum de densité, les courants intérieurs cesseront, la surface se refroidira rapidement et ne tardera pas à se couvrir de glace. Protégées par ce manteau isolant, les eaux profondes se conserveront indéfiniment à 4 degrés pendant que la glace augmentera lentement d'épaisseur jusqu'à devenir capable de supporter les plus lourds fardeaux. C'est qu'en effet la glace conduit un peu mieux la chaleur que la neige, et nous verrons, dans les hivers très longs et très rigoureux, qu'elle pourra atteindre une épaisseur de plusieurs pieds. Nous savons qu'au contraire une épaisseur bien moindre de neige préserve complètement le sol du refroidissement.

Nous ne serons plus étonnés, maintenant, de voir les grands lacs, aux eaux si calmes, encore libres de glaces tandis que les rivières les plus impétueuses sont arrêtées : la faible profondeur des rivières en certains points est la cause de leur peu de résistance au froid.

Pourtant, dans les climats très rigoureux, les lacs se gèlent aussi, surtout les moins profonds, et la navigation y devient impossible.

C'est ce qui arrive pour les lacs de l'Amérique du Nord, surtout ceux de la Nouvelle-Bretagne, qui se gèlent chaque année. Le journal *la Nature* rapporte qu'en hiver les petits lacs du Canada sont, depuis quelques années, le théâtre d'un nouveau sport qui a beaucoup de vogue. Des sortes de traîneaux, montés sur une traverse de bois munie à chacune de ses extrémités d'un patin allongé, portent des voiles qui les font glisser sur la glace avec une rapidité considérable. En Hollande cet exercice est très répandu, et semble remonter à l'année 1600. On assure qu'il n'est pas rare de voir ces bateaux à glace se mouvoir sous l'action du vent avec une rapidité de 46 kilomètres à l'heure.

La congélation des rivières est beaucoup moins rare que celle des grands lacs : dans notre pays, au climat si tempéré, elle se produit un grand nombre de fois dans chaque siècle. Il n'est peut-être pas un fleuve de l'Europe qui n'ait été gelé quelquefois. Même sur cette terre si chaude de l'Afrique, le Nil a été arrêté par le froid : en 829, l'année où le patriarche jacobite d'Antioche, Denis de Telmahre, alla avec le calife Al-Mamoun en Egypte, ils trouvèrent le Nil gelé. Pour ne parler que de la France, la Seine fut prise quatorze fois et le Rhône trois au dix-huitième siècle ; depuis l'année 1800, la Seine en est à sa douzième, le Rhône à sa troisième gelée.

Du reste, la congélation des fleuves se produit d'une manière très capricieuse. Tandis qu'en 1762 la Seine fut totalement prise après six jours de gelée, et par un froid de — 9°.7, elle resta constamment libre en son milieu en 1709, par un froid de — 23°, précédé de gelées fortes et prolongées. Les causes de ces inégalités, dont nous dirons quelques mots, sont encore mal ou plutôt incomplètement connues. — La congélation de la surface de la mer, plus rare sur nos côtes, se produit au contraire avec une grande régularité dans ses conditions : on peut affirmer qu'il faut un froid persistant de 14 à 16 degrés au-dessous de zéro pour geler nos ports de mer et l'eau de nos côtes. Choisissons quelques exemples pris dans les hivers dont nous ne donnerons pas la description spéciale.

Strabon rapporte que, l'année 66 avant Jésus-Christ, le froid fut si intense en Orient, qu'un des généraux de Mithridate défit sur la glace la cavalerie des barbares précisément à l'endroit où en été ils furent vaincus dans un combat naval, à l'embouchure des Palus Méotides (mer d'Azof).

En 559 de notre ère, les Bulgares, en passant sur le Danube glacé, viennent fondre dans la Thrace et s'approchent des faubourgs de Constantinople.

En 763, le Bosphore et le Pont-Euxin gelèrent.

En 860, la mer Adriatique était prise autour de Venise, et sa lagune parcourue par les cavaliers et les voitures chargées des marchands.

En 1074, le froid, rendu plus vif par une bise d'une âpreté et d'une sécheresse inouïes, était si rigoureux que les fleuves étaient pris non seulement à la surface, mais convertis en un

Canada. — Sous l'action du vent, on voit ces bateaux se mouvoir sur la glace avec une grande rapidité.

bloc de glace. Nous n'avons pas besoin de faire remarquer ici l'exagération du chroniqueur : les fleuves ne peuvent jamais être convertis en un bloc de glace, car ils ne peuvent jamais être absolument arrêtés dans leur course.

En 1082, au mois de décembre, l'empereur Henri IV traversa le Pô complètement gelé, suivi de ses soldats et d'une grande multitude de citoyens.

En 1149, l'hiver fut rude dans les Flandres. Les eaux de la mer étaient complètement gelées et praticables sur une distance de plus de trois milles à partir du rivage ; les vagues, qui s'étaient solidifiées, apparaissaient de loin comme des tours.

Cette congélation de la mer sur les côtes doit nous arrêter quelques instants. Elle ne se produit que rarement, dans les hivers tout à fait exceptionnels, et encore ne s'étend-elle jamais beaucoup au loin. La mer Baltique elle-même, par 58° de latitude, ne se gèle jamais en totalité. Chaque année une partie assez considérable de la Baltique se prend, mais, durant les derniers siècles, elle ne l'a pas une seule fois été en totalité. Au quatorzième siècle ces congélations semblent avoir été plus nombreuses que de nos jours, et la glace atteignait une plus grande épaisseur. Ainsi, en 1323, « la partie méridionale du bassin gela complètement, et pendant six semaines les voyageurs se rendaient à cheval de Copenhague à Lubeck et à Dantzig : on avait même élevé sur la glace des hameaux temporaires au croisement des routes. »

Le même phénomène se produisit en 1333, 1349, 1399, 1402, 1407.

La mer Noire, qui ne reçoit aucune dérivation du Gulf-Stream, largement ouverte à tous les vents qui descendent des régions polaires, semble avoir été prise plus souvent et surtout plus complètement, quoiqu'elle soit bien plus proche de l'équateur, et que ses eaux soient beaucoup plus salées que celles de la Baltique.

Nous avons cité déjà plusieurs exemples de ces congélations; le dernier est plus frappant : « En 401, la mer Noire gela presque entièrement, et lors de la débâcle on vit d'énormes montagnes de glace flotter pendant trente-deux jours sur la mer de Marmara. Il en fut de même en 762, et cette année-là la glace fut couverte d'une couche de neige haute de vingt coudées. »

Revenons à notre nomenclature. En 1457, il gela si fort qu'on passait la rivière d'Oise et plusieurs autres rivières à chariot et à cheval. En Allemagne, le froid fut si vif que sur le Danube congelé campa une armée de 40000 hommes. En 1493, la lagune et tous les canaux de Venise gelèrent; les gens à pied, les chevaux et les voitures passaient dessus. En 1503, le Pô fut gelé et soutint le poids de l'armée du pape Jules II. En 1548, toutes les rivières de France furent gelées de manière à porter les voitures les plus pesamment chargées.

Le froid de l'hiver de 1589 fut si rude qu'il gela entièrement le Rhône; les mulets, les voitures, les charrettes, tout le traversait à Tarascon comme sur une grande route. Le colonel Alphonse y fit même passer à deux ou trois reprises des canons; le maréchal de Montmorency le franchit ensuite avec sa compagnie de gendarmes. En 1595, la mer se prit sur les côtes de Marseille. En 1620, le Zuyderzée gela entièrement; une partie de la mer Baltique fut couverte d'une glace très épaisse; les glaces des lagunes de l'Adriatique emprisonnèrent la flotte vénitienne. Le froid fut très intense en Provence.

En 1655, en Allemagne, « le froid fut si vif qu'à Wismar (Mecklembourg-Schwerin, dans la Baltique) on vit arriver des chariots chargés et attelés de quatre chevaux, de la distance de 40 kilomètres. En 1683, « la Tamise, à Londres, fut si fortement gelée qu'on y érigea des cabanes et des loges; on y tint une foire qui dura deux semaines, et dès le 9 janvier les voitures la traversèrent et la pratiquèrent dans tous les sens comme la terre ferme; on y donna un combat de taureaux, une chasse au renard, et sur la glace on fit rôtir un bœuf entier. La mer, sur les côtes d'Angleterre, de France, de Flandre, de Hollande, fut gelée dans l'étendue de quelques milles, au point qu'aucun paquebot ne put sortir des ports ou y rentrer pendant plus de deux semaines. »

En 1726, on passa en traîneau de Copenhague à la province de Scanie, en Suède.

Des phénomènes analogues à ceux que nous venons de rapporter se produisirent encore en 1754, 1762, 1765, 1766...

Nous pouvons remarquer que, dans tous les hivers assez rigoureux pour congeler profondément les rivières, on en profite pour les transformer en voies de communication. Tantôt on se contente de les traverser, évitant ainsi les longs détours nécessaires pour aller chercher les ponts, tantôt on s'en sert en guise de routes. C'est surtout dans les pays du Nord, où les rivières se gèlent solidement presque chaque année, que ces singuliers chemins sont fréquentés. Plutarque rapporte que « certains peuples barbares, quand ils veulent traverser les rivières, font marcher devant eux des renards. Si la glace n'est pas épaisse, et que l'eau ne soit prise qu'à la surface, ces animaux, avertis par le bruit de l'eau qui coule sous la glace, retournent sur leurs pas. »

Guettard, membre de l'Académie des sciences, raconte, en 1762, comment on utilise en hiver la Vistule congelée. « La neige qui couvre les chemins ayant pris de la consistance par les gelées, les chemins deviennent praticables aux traîneaux, qui ne sont pas même arrêtés par les rivières; elles sont alors gelées et permettent ainsi à toute espèce de voitures de les traverser; cette facilité engage donc alors les gens de la campagne à conduire à Varsovie sur des traîneaux ce qu'ils ont à vendre; c'est un malheur pour la campagne et la ville lorsque l'hiver est trop doux, qu'il ne tombe point ou très peu de neige, et que les rivières ne prennent point : c'est dans la vue de prévenir ce dernier inconvénient, qu'aussitôt que la Vistule charrie beaucoup, des hommes portés par de petits bateaux jettent entre les glaçons de la longue paille, afin que par son moyen les glaçons puissent s'entre-accrocher, ralentir par conséquent leur mouvement, et faire prendre entièrement la rivière; alors, si l'on veut avoir promptement un chemin qui soit ferme et sûr pour traverser cette rivière, on le forme avec de la même paille que l'on arrose : elle ne fait bientôt plus qu'un seul corps avec cette eau, qui se gèle aussitôt, et avec les glaçons; elle procure ainsi un chemin sur lequel on peut passer, lors même qu'il ne serait pas prudent de tenter le passage dans les autres endroits où les glaçons sont également arrêtés. Ce chemin est même cause que dans le dégel la rivière ne débâcle pas aussitôt qu'elle le ferait si on ne l'avait pas formé : on s'en sert encore pour le passage, lorsqu'on a abandonné les autres qui n'avaient été tracés que par les voitures et les passagers. Au reste, les uns et les autres sont très commodes, lors surtout qu'il est tombé beaucoup de neiges; ils en deviennent plus unis. »

La glace ne devient assez forte pour porter les charges que lorsqu'elle a atteint une certaine épaisseur. Cette épaisseur est beaucoup moins considérable qu'on ne serait tenté de le croire, car la glace a une grande force de résistance, qui se trouve encore bien augmentée par l'eau qui la soutient par-dessous. Des expériences ont été poursuivies sur ce sujet par plusieurs physiciens, Hamberger, Temanza, Toaldo, par la Société royale de Londres. On a reconnu qu'il faut 5 centimètres pour que la glace porte un homme, 9 centimètres pour qu'un cavalier y passe en sûreté; quand la glace atteint 13 centimètres, elle porte des pièces de huit placées sur des traîneaux, et quand son épaisseur s'accroît jusqu'à 20 centimètres, l'artillerie de campagne attelée peut y passer. Les plus lourdes voitures, une armée, une nombreuse foule, sont en sûreté sur la glace dont l'épaisseur atteint 27 centimètres.

Examinons maintenant comment se forme la glace à la surface des rivières et des mers. Ici il s'agit d'une eau sans cesse agitée, dans laquelle les phénomènes que nous avons étudiés à propos des lacs ne peuvent se produire. On a constaté, en effet, que l'eau d'une rivière a dans toute sa masse et en toute saison une température à peu près uniforme, à cause du mélange continuel produit par le courant. Quand cette température est arrivée à zéro, la congélation de la rivière commence : elle charrie des glaçons. Les savants ont cru longtemps que ces glaçons étaient exclusivement formés à la surface de l'eau. Il s'en forme effectivement ainsi, notamment dans tous les points où le courant est assez faible, sur les rivières à faible pente, et sur les bords des rivières plus rapides. Ces glaces de surface restent en place, s'étendant de plus en plus, ou bien se détachent et deviennent flottantes. Mais ce n'est là l'origine que d'une bien faible partie des glaces flottantes. Le plus grand nombre se forme au fond, directement sur le lit. Les glaces de fond non plus ne se forment pas partout. Leur production n'a lieu que là où la profondeur est peu considérable et où le fond est formé de cailloux ou de gravier.

Longtemps avant que les physiciens aient admis cette formation de la glace de fond, elle était connue des meuniers, des pêcheurs, des bateliers. « Ils faisaient remarquer, pour appuyer leur opinion, écrit Arago, que la surface inférieure des gros glaçons est imprégnée de fange, qu'elle est incrustée de gravier, qu'elle porte, en un mot, les vestiges les moins équivoques du terrain sur lequel ils reposaient. En Allemagne, les mariniers ont même un nom spécial et caractéristique pour désigner les glaces flottantes ; ils les appellent *grundeis*, c'est-à-dire glaces de fond. Les pêcheurs affirmaient que dans les journées froides, longtemps avant l'apparition de la glace à la surface du fleuve, leurs filets, situés au fond de l'eau, se couvraient d'une telle quantité de *grundeis* qu'il leur était très difficile de les retirer ; que les corbeilles dont on se sert pour prendre des anguilles revenaient souvent d'elles-mêmes à la surface, incrustées extérieurement de glace... » Il ne fallut rien moins que les nombreuses expériences et observations de bien des savants, Hales, Desmarest, Braun, Knight, Mérian, Hugi, Fargeau, Duhamel..., pour faire admettre comme vraie cette formation. Elle est maintenant établie d'une façon indubitable, et chacun sait que les glaçons qui se forment au fond, lorsqu'ils ont acquis une force ascensionnelle suffisante pour se détacher des cailloux qui les retiennent, montent et deviennent flottants. L'explication que l'on donne actuellement de cette formation des glaces de fond n'est pas absolument satisfaisante. Le courant de la rivière est moins rapide au fond qu'à la surface à cause du frottement, et comme la température y est aussi basse, la congélation y sera plus facile. De plus, les aspérités présentées par les pierres permettent aux premiers cristaux de se fixer, de s'enchevêtrer, puis de s'accroître jusqu'à former un bloc de glace. Mais cette explication ne rend pas compte de certaines particularités que présente parfois le phénomène. Quoi qu'il en soit de l'explication, le fait demeure acquis.

Les glaces de fond, tout aussi bien que les glaces de surface, se forment principalement dans le cours supérieur du fleuve et dans les affluents, à cause du moindre courant et de la moindre profondeur des eaux. Mais, arrivés dans le cours inférieur du fleuve, ces glaçons peuvent l'obstruer en s'arrêtant dans les coudes, dans les passages à moindre courant, dans les endroits surtout où des obstacles s'opposent à leur passage. Pressés les uns contre les autres, ils se soudent par suite du phénomène de dégel et de regel que nous avons étudié. Tous ceux qui arrivent se trouvent arrêtés à leur tour, et à partir de ce point la rivière se prend dans tout le cours supérieur. Si l'arrêt se fait près de l'embouchure, la totalité du fleuve pourra être couverte de glace; si, par suite de la soudaineté du froid, les glaçons charriés deviennent subitement fort nombreux, il leur arrivera souvent de se souder dans les affluents eux-mêmes, et le fleuve restera libre dans une partie de son cours, comme cela eut lieu en 1709 pour la Seine à Paris, et pour le Rhône à Viviers.

Dans la mer, il se forme aussi des glaces de fond. Lisons dans Élisée Reclus la saisissante description du phénomène: « Dans les mers polaires, l'abaissement de température a pour conséquence la formation des glaces. Pendant les longs hivers de ces froides régions, l'eau tranquille des baies et des golfes se congèle sur le pourtour des côtes; et la masse cristalline, gagnant incessamment sur les mers, finit par s'étendre au large jusqu'à de très grandes distances. C'est la « glace de terre. » Mais dans les mers qui n'ont pas une grande profondeur, c'est généralement sur le lit même que la masse liquide se congèle. Lorsque la masse n'est pas agitée, elle reste liquide; puis, sous un ébranlement quelconque, elle se prend subitement. Parfois, au commencement de l'hiver, les marins et les pêcheurs de la Baltique et des côtes occidentales de la Norvège sont tout à coup environnés de glaçons qui s'élèvent du lit de la mer, et dont les plaques contiennent encore des fragments de fucus. L'apparition se produit d'une manière tellement rapide que souvent les bateaux courent le risque d'être écrasés entre les masses solides qui s'entassent autour d'eux, et l'équipage se trouve en danger. Dans les régions polaires, ces glaces de fond soulèvent fréquemment de grosses pierres arrachées des écueils. Ce sont ces glaçons qui s'unissent pour former les banquises. »

Mais les glaces ne peuvent durer toujours dans nos climats tempérés. Le froid n'immobilise pas longtemps les flots de la mer, pas plus qu'il n'arrête le courant des rivières. Le dégel arrive, la neige fond, la rivière monte et soulève l'immense masse de glace. Des craquements épouvantables se font entendre; les fragments qu'avait soudés la gelée se séparent et reprennent leur course un moment interrompue : c'est la débâcle. Le fleuve devenu torrent précipite sa course, les glaçons arrêtés par les obstacles s'amoncellent et renversent tout sur leur passage. Les ponts sont emportés, les chaussées détruites, les plaines submergées. Nulle puissance ne peut arrêter le fléau, et l'homme assiste, impuissant, à la ruine de tous ses travaux.

Toutes les chroniques sont remplies des désastreux effets produits par les débâcles. Nous en examinerons plusieurs par la suite; commençons dès maintenant à en citer quelques-unes.

En 822, la débâcle produisit de grands dégâts dans les métairies situées sur les bords du Rhin. En 1234, la débâcle des fleuves amena en Allemagne la rupture des ponts et la chute de nombre de maisons, de murailles et d'arbres. En 1236, les ponts de Saumur et de Tours furent rompus par la débâcle des glaces. En 1307, lors de la débâcle, l'impétuosité des glaces

Au milieu des glaçons.

fut telle que les ponts, les moulins et les maisons voisines des rivières s'écroulèrent. À Paris, au port de la Grève, un grand nombre de bateaux marchands s'abîmèrent avec les personnes et les approvisionnements qu'ils contenaient.

Lisons le récit de la débâcle de la Seine en 1408, par Félibien : « Des glaçons d'une grandeur énorme, se détachant tout à coup, le 30 du mois de janvier, allèrent heurter avec impétuosité les deux petits ponts, l'un de bois, joignant le petit Chastelet, l'autre de pierre, appelé le pont Neuf, aujourd'hui Saint-Michel, qui avoit été fait depuis quelques années. Tous les deux furent abattus par les glaçons le 31, et renversés dans la rivière avec les maisons qui étoient dessus, où logeoient quantité de marchands et d'ouvriers de toutes sortes, comme teinturiers, écrivains, barbiers, cousturiers, éperonniers, fourbisseurs, frippiers, tapissiers, brodeurs, luttiers, libraires, chaussetiers. Mais il n'y périt personne, parce que l'accident arriva de jour, depuis sept à huit heures du matin jusqu'à une ou deux heures après midi..... Au-dessus du grand pont il y avoit des moulins qui appartenoient à l'évesque de Paris; ils furent brisés et abîmés par les glaçons; et le grand pont même fut si ébranlé qu'on vit trébucher quelques maisons de changeurs qui étoient dessus. » En 1616, ce pont Saint-Michel fut encore renversé; il y eut des accidents palpitants. C'est encore à Félibien que nous emprunterons ce récit : « Le roi étoit en marche de Bordeaux à Paris dans le fort de l'hiver. Une partie de sa suite périt de froid et de fatigue par les chemins. On compta que du seul régiment des gardes, qui étoit de trois mille hommes, il en mourut plus de mille. A Paris, le dégel qui survint après une gelée extrême emporta, par la violence des glaces, le côté du pont Saint-Michel qui regardoit le petit pont, avec perte de quantité de richesses, la nuit du 29 au 30 janvier. Mais il n'y eut qu'une seule personne noyée. Le pont au Change reçut aussi une telle secousse que plusieurs maisons du côté du pont Notre-Dame en furent renversées dans l'eau. Un enfant qui se trouva enseveli dans les ruines fut préservé d'une manière tout à fait singulière. Deux poutres se croisèrent comme pour le garder. Un chien, qui se trouva enfermé avec lui, jappoit si fort, qu'on décombra le lieu pour le délivrer. Le chien sortit, mais, voyant qu'on laissoit l'enfant, il rentra sous les masures et ne cessa de japper jusqu'à ce qu'on vînt délivrer l'enfant, que l'on trouva sain et entier.»

En 1658, il se produisit des faits analogues à Paris; plusieurs personnes périrent. En 1768, il y eut encore à Paris une débâcle très pénible dont le récit nous a été conservé par Déparcieux, qui avait été chargé par l'Académie des sciences de l'étudier de près. Il examine scientifiquement cette débâcle dans ses moindres détails. Il montre que les désastres causés dans les villes par la rupture des glaces sont dus presque entièrement aux ponts et aux établissements flottants qui s'opposent à leur écoulement. En 1768, l'accumulation fut telle que le courant en fut presque intercepté, et qu'il en résulta dans le cours supérieur de la Seine une inondation considérable. « Les glaçons arrivant en foule, et plus vite qu'ils ne pouvoient passer par les ponts, les derniers poussoient les premiers de côté et d'autre en avançant toujours; ils cassoient les câbles, entraînoient les bâteaux, grands et petits, et les poussoient contre les maisons ou contre les quais, les faisoient entrer les uns dans les autres, les flancs des plus foibles cédant aux plus forts. La Samaritaine fut garantie, comme la pompe du pont Notre-Dame, par trois bateaux de blanchisseuses et autant de moulins que les glaçons poussèrent sur les bateaux devant l'arche de cette machine; trois bateaux et deux moulins y ont péri; on ne les a enlevés que pièce à pièce. »

Puis il raconte des épisodes de la débâcle, épisodes dont il a été le témoin : « Il y eut en cet endroit, peu après le commencement de la débâcle, un spectacle bien triste et bien effrayant; je ne puis me le rappeler sans frémir. Deux filles se trouvèrent entraînées dans un bateau de blanchisseuses tout fracassé, qui, heureusement pour elles, vint se loger dans l'arche de la Samaritaine, non loin d'un moulin qui venoit d'être coulé à fond; et leur bateau étoit prêt à en faire autant. Les glaçons entassés, les moulins et les bateaux brisés en cet endroit, ne leur permettoient aucun passage; elles croyoient être à leur dernier moment, lorsque quelques personnes secourables leur descendirent une corde de dessus le parapet; l'une des deux, celle à qui j'ai parlé, s'en saisit, la passe sous ses aisselles, la noue elle-même, et on l'enlève; mais telle fut sa frayeur que, le nœud se resserrant lui fit croire que la corde cassoit, elle arriva évanouie en haut; on secourut ensuite l'autre. Un charbonnier, au même endroit, ne fut pas aussi heureux; il tomba entre un bateau et des glaçons, et disparut. Il y eut à déplorer bien d'autres malheurs. La rivière étoit si haute qu'elle porta un train de grosses pièces de charpente destinées pour la marine dans un jardin de Bercy, en faisant marcher le parapet devant le train de bois. Cette eau porta et répandit une quantité prodigieuse de glaçons dans les plaines d'Ivry, de Maisons, de Choisy, de Villeneuve-Saint-Georges, qui ont été autant de moins pour le passage dans Paris. L'eau entra dans le faubourg Saint-Antoine par la rue Traversière, qui fut remplie de glaçons jusqu'au delà de la rue de Charenton. »

La plupart des malheurs des débâcles sont dus à l'embarras des glaces. Il est fort probable que presque tous les dégâts dont parle l'histoire de Paris ont été causés par des accumulations semblables à celle que nous venons de décrire.

Déparcieux se demande, dans la seconde partie de son mémoire, s'il n'y aurait pas moyen d'empêcher les désastres. D'après lui, il n'y a qu'à mettre obstacle à la congélation de la rivière dans la ville, et il propose des procédés qu'il croit efficaces pour arriver à ce résultat.

Il montre très nettement les causes qui déterminent la prise si fréquente de la rivière dans Paris. Les glaces flottantes, qui arrivent librement, rencontrent sur leur passage à travers la ville de nombreux obstacles qu'on ne peut songer à supprimer. Elles s'accumulent, se soudent, s'arrêtent complètement. On n'a d'autre moyen d'empêcher la prise des eaux de la ville que celui d'arrêter les glaces avant leur arrivée, en déterminant au-dessus une congélation complète. Cette congélation lui semble facile à produire.

Il propose de tendre, au-dessus du confluent de la Seine et de la Marne, dans chacune des deux rivières, immédiatement au-dessus du niveau de l'eau, une chaîne flottante faite avec de forts madriers de sapin. Cette chaîne, tendue quand la température fait prévoir que la Seine va charrier, arrêtera les glaçons. Ils se souderont les uns aux autres au-dessus du barrage et détermineront la prise totale de la rivière à partir de la chaîne. Il établit que cette chaîne n'aura pas à supporter une poussée bien considérable, et qu'il sera facile de la faire assez résistante. De cette manière, les glaçons flottants n'arriveront pas dans la ville, et, pour empêcher la rivière de s'y arrêter, il suffira de casser une fois par jour la glace sur les bords et autour des bateaux. On maintiendra ainsi toujours libre la rivière dans Paris, et il en résultera beaucoup d'avantages.

D'abord, on pourra mettre les bateaux à l'abri, de manière à ce que, au moment de la débâcle, ils ne soient pas ruinés et ne nuisent pas à l'écoulement des glaces. De plus, au dégel, les glaces de la Seine arrivant en grand nombre n'éprouveront aucun obstacle à leur écoulement, la traversée de Paris se trouvant libre, et elles passeront sans causer de dommage. On n'en peut douter quand on remarque que la débâcle de la Marne, qui se produit toujours alors que la Seine est libre dans Paris, n'y cause jamais aucun accident.

Ce moyen indiqné par Déparcieux ne semble pas avoir été essayé; car, dans les grands hivers qui suivent celui de 1768, nous voyons la rivière se congeler dans Paris comme par le passé. Il méritait cependant un meilleur sort et aurait sans doute donné de bons résultats.

Le moyen employé de nos jours, dont nous parlerons à propos de l'hiver de 1879-1880, est beaucoup moins rationnel, et ne donne que de bien petits résultats.

CHAPITRE V

EFFETS DIVERS DU FROID.

Quelques effets de la gelée nous ont échappé dans les chapitres précédents : nous allons les énumérer rapidement, en quelques mots. Il s'agit encore de la congélation de l'eau et de divers liquides, mais produite dans des conditions toutes spéciales.

L'eau des puits est le plus ordinairement préservée de la gelée. Enfoncée de plusieurs mètres au-dessous du sol, ne communiquant avec l'extérieur que par une étroite ouverture, elle ne peut guère se refroidir. Elle y arrive cependant quelquefois, et peut-être la congélation dans les puits un peu profonds est-elle un des signes les plus caractéristiques de la rigueur du froid, un des effets les plus rares. Arago, dans sa notice, cite avec soin les rares cas de congélation de l'eau des puits.

Déparcieux, dans le mémoire dont nous avons déjà donné de longs extraits, cite plusieurs exemples dignes d'intérêt. Il remarque que, en l'hiver 1767-1768, beaucoup de puits se gelèrent, qui étaient restés entièrement liquides en 1709, terrible hiver cependant, et bien plus froid que celui de 1768. Il rapporte d'abord l'observation de Duhamel : dans un puits situé à Ascou, près de Denainvilliers, ayant 50 pieds de profondeur, 6 pieds de diamètre à la margelle, et 11 pieds dans le bas, il gela à un demi-centimètre d'épaisseur. Beaucoup d'autres puits du voisinage, moins profonds, avaient gelé beaucoup plus fortement.

Il cite encore un grand nombre de puits qui, au dire des vieillards, n'avaient pas été gelés en 1709 et qui le furent alors. A Montmorency chez le père Cotte, à Alais en Languedoc, à Ménars chez M. le marquis de Marigny, on eut des glaces fort épaisses au fond des puits.

Fréquemment les liquides qui ne se gèlent pas d'ordinaire, encre, vinaigre, verjus, vin, ont été gelés dans les grands hivers. En 860, le vin gela dans les vases qui le contenaient; de même en 1133. En 1216, le vin, dans les caves, faisait en se solidifiant éclater les tonneaux. Nous verrons qu'en 1408 l'encre se gelait dans l'encrier du greffier du Parlement, qu'en 1422 le vinaigre et le verjus gelaient dans les caves.

En 1468, le vin exposé au dehors fut entièrement solidifié. On lit, en effet, dans Philippe de Comynes : « Par trois fois fut départy le vin qu'on donnoit chez le duc de Bourgogne, pour les gens qui en demandoient, à coups de coignée, car il étoit gelé dedans les pipes, et falloit rompre le glaçon qui étoit entier, et en faire des pièces que les gens mettoient en un chapeau ou un panier, ainsi qu'ils vouloient. » Et il ajoute : « J'en dirois assez d'étranges choses, longues à écrire; mais la faim nous fit fuir à grande hâte après avoir séjourné huit jours. »

En 1544, « la froidure étoit si extrême qu'elle glaçoit le vin dans les muids; il le falloit couper à coups de hache, et les pièces s'en vendoient à la livre. » En 1776, les vins qui se trouvaient sur les quais de la Seine, à Paris, firent en se solidifiant éclater les tonneaux.

Remarquons que dans ces trois derniers exemples, il s'agit de vin exposé en plein air, sans abri; les congélations dans les caves, assez fréquentes, ne sont jamais aussi complètes. Les caves mal construites, trop librement exposées aux courants d'air, sont les seules qui laissent entrer le froid.

Les pierres elles-mêmes ne sont pas à l'abri de la gelée. Celles qui, plus particulièrement poreuses, se laissent pénétrer par l'eau, sont surtout exposées. La congélation de l'eau qu'elles renferment, et son augmentation de volume, déterminent la rupture de la pierre. Si l'hiver est rigoureux, si de plus la pierre est humide dans tout son volume, elle peut être brisée entièrement, quelquefois même avec bruit. Mais le plus souvent, dans les hivers ordinaires, c'est seulement la surface qui est gelée, et il s'en sépare de petites lamelles qui tombent, et la pierre s'en va à la longue en petits fragments. Les pierres qui sont sujettes à ce morcellement par le froid sont dites gélives. L'action du froid sur les pierres, et en général sur presque toutes les roches qui constituent l'écorce terrestre, a une grande importance, car elle est une des causes principales de la formation de la terre végétale.

Nous voici maintenant arrivés au terme de la première partie de cette étude. Nous connaissons tous les phénomènes qui se produisent dans les hivers rigoureux, et qui peuvent servir à les caractériser. Il est bon de les réunir en quelques lignes.

Ces phénomènes peuvent se diviser en trois catégories :

1° Action sur les hommes et les animaux. Le froid détermine les congélations partielles ou totales, la mort par axphyxie, des épidémies consécutives si désastreuses qu'elles ont quelquefois privé des régions entières de la presque totalité de leurs bestiaux et d'une très notable partie de leurs habitants;

2° L'action destructive sur les plantes, la plus triste des conséquences du froid, parce qu'à la perte de la récolte succèdent les plus épouvantables famines, à la nourriture insuffisante les plus terribles épidémies;

3° L'action sur la nature minérale : congélation des divers liquides, et notamment de l'eau, des mers, des fleuves, suivie de débâcles violentes. Le spectacle des débâcles, spectacle grandiose et terrible, est bien fait pour frapper l'imagination et remplir les âmes de terreur; mais les conséquences qui en résultent sont infiniment moins graves que les précédentes.

Nous allons maintenant voir ces phénomènes en action. Nous les considérerons d'abord en permanence dans les régions voisines des pôles, là où règne un hiver plus remarquable encore par sa durée que par sa rigueur; puis dans l'Europe centrale, notamment dans la France, pendant les hivers les plus rigoureux dont l'histoire nous ait conservé le souvenir.

LIVRE II

LES RÉGIONS DES GRANDS FROIDS.

CHAPITRE PREMIER

DESCRIPTION DES RÉGIONS POLAIRES.

Sur presque toute la surface de la terre on voit les étés succéder aux hivers. Après les froids, dont les effets sont parfois si terribles, arrive le dégel, et la terre semble faire une provision de chaleur qui lui permettra de lutter contre la rigueur de la mauvaise saison suivante.

Mais il est des régions tristement partagées qui n'ont pas ce temps de repos. L'été n'y dure que quelques semaines, quelques jours même, et quel été ! Ce sont ces hivers perpétuels, aussi tristes par leur prolongation que par leur extrême froidure, dont nous allons donner d'abord un rapide tableau.

A mesure que l'on s'éloigne de l'équateur pour marcher vers le pôle, on sent la chaleur diminuer rapidement. Les rayons du soleil, plus obliques, ne font que raser la terre et ne l'échauffent plus. De plus, à mesure qu'il s'élève moins, le soleil devient plus irrégulier dans sa course, les jours d'hiver deviennent plus courts, les nuits plus longues. Dans le voisinage du pôle, à l'époque du solstice d'hiver, le soleil reste vingt-quatre heures sans se montrer à l'horizon. Le parallèle sur lequel on voit ce premier jour sans soleil est le cercle polaire. Pour tous les points situés au delà du cercle polaire on a, au solstice d'hiver une nuit de plus de vingt-quatre heures, au solstice d'été un jour de plus de vingt-quatre heures. Et la durée de cette sombre nuit augmente à mesure qu'on marche vers le pôle. Au cap Nord, le soleil reste pendant deux grands mois au-dessous de l'horizon; au Spitzberg, la nuit est de cent jours; au pôle, enfin, un jour de six mois succède à une nuit de même durée.

Cette étrange succession des nuits et des jours n'est pas une des moindres curiosités de ces si rudes climat; et le voyageur qui y arrive en souffre cruellement. D'après les navigateurs, l'absence prolongée du soleil, que vient remplacer presque constamment la lueur fantastique des aurores boréales, est moins pénible à supporter que l'effroyable monotonie d'un jour sans fin.

C'est dans ces régions que nous allons rencontrer un hiver presque perpétuel. « Là, nous sommes arrivés aux limites de la terre habitée, à ces déserts glacés que les pêcheurs de phoques et de morses fréquentent seuls, et qui ne sont peuplés que par quelques tribus d'Esquimaux. Groupées autour des pôles, ces régions représentent deux calottes sphériques dont la septentrionale seule a été explorée. Elle comprend le Spitzberg, la Nouvelle-Zemble, le nord de la Sibérie, la partie de la Nouvelle-Bretagne qui confine à l'océan Glacial, la terre de Baffin, le nord du Groenland et les îles de la mer Polaire comprises sous la dénomination de *terres arctiques*. Rien ne peut peindre l'aspect sinistre de ces solitudes. L'œil n'y rencontre que des mers immobiles, que des glaciers surplombant d'immenses champs de neige à la surface desquels se dressent des rochers nus et dépouillés où se dessine de loin en loin la silhouette d'un renne ou d'un ours blanc. Les rayons d'un soleil oblique, traversant avec peine un épais rideau de brume, viennent se réfléchir sur ces grandes surfaces d'un blanc uniforme et les éclairent d'un jour douteux. Cette lueur monotone remplit le ciel pendant le cours d'un long été sans nuits, et disparaît en-

Les déserts glacés du pôle.

suite pour faire place pendant plusieurs mois à la clarté blafarde de la lune, à l'éclat des aurores boréales. »

Au pôle austral, moins connu, on rencontre moins de terres, avec un climat plus froid encore. Au delà du cercle polaire austral, les glaces s'opposent presque complètement au passage des navigateurs, tandis que, dans le Nord, les baleiniers vont souvent jusqu'au Spitzberg, bien plus rapproché du pôle. Cook, en 1773 et 1774, fit le tour de la terre dans le voisinage du cercle polaire antarctique. Des glaces continues ne lui permirent guère de dépasser le parallèle de 71 degrés. « L'horreur des solitudes australes jusque-là si inconnues, la rigueur excessive du climat, les montagnes de glaces aux formes et aux dimensions colossales, les hautes et longues falaises recouvertes d'un épais manteau de neige, la mer semée de débris qui s'agitent et se heurtent sans repos, frappèrent fortement la vive imagination de Cook. » Les îles ou continents de ces régions presque complètement inconnues, et pour sûr sans habitants, ne peuvent guère nous fournir de données pour notre étude; revenons donc au pôle boréal. — Il a été assez exploré et assez décrit pour que nous puissions en donner un tableau.

Là, tout est sous la glace, tout est sous la neige. Sur les côtes de la Sibérie, de la Laponie, de la Nouvelle-Bretagne, de l'Amérique russe jusqu'au Kamtschatka, tout est solide pendant la plus grande partie de l'année. Sur terre comme sur mer, on ne voit que de l'eau solidifiée. Des froids terribles semblent rendre le séjour de ces contrées absolument impossible. Et pourtant que de voyageurs y ont passé de longs hivers! Sir John Ross n'a pas pu les quitter pendant quatre ans. Entre le 70e et le 74e degré de latitude, il a observé une température moyenne de — 14 degrés. En toute saison il a eu des gelées : la température la plus basse a été de — 49 degrés, la plus élevée de + 10 degrés. Le mois le plus froid, celui de janvier, avait une température moyenne de — 34 degrés.

Dans de si froides contrées, il y a même des habitants qui n'émigrent jamais. « On peut juger, dit Reclus, du climat de la Laponie par la langue des Lapons, qui contient 20 noms pour désigner la glace, 11 pour le froid, 41 pour la neige et ses composés, 26 verbes pour indiquer les phénomènes du gel et du dégel. »

On ne connaît pas la température du pôle, puisque jamais on n'y a pénétré ; mais on a noté, dans les régions voisines, des froids plus intenses encore que ceux rapportés par Ross. « Le temps est, de plus, d'une inconstance remarquable dans les régions polaires : on voit succéder à un calme plat des coups de vent aussi brusques que violents. Tous les navigateurs parlent de ces bourrasques qui disloquent les montagnes de glace et menacent d'engloutir les navires sous leurs débris. En quelques heures, le ciel jusque-là serein se couvre de nuages, et quand la température s'élève, l'atmosphère est obscurcie par des brumes tellement épaisses qu'on ne distingue pas les objets à quelques pas devant soi. »

Les caractères de ce rude climat ne s'arrêtent pas brusquement au cercle polaire, et bien des régions plus proches de l'équateur ne sont pas beaucoup mieux partagées. Les grands fleuves de la Sibérie, comme la Léna, ne peuvent servir à la navigation dans leur partie basse, car ils sont congelés pendant la moitié de l'année, et ils baignent des contrées incultes, presque désertes, périodiquement désolées par de terribles inondations.

Ces tristes régions ne sont pas cependant complètement privées d'un été relatif. Quand il arrive, les glaces commencent à fondre, se disloquent ; c'est la débâcle, débâcle formidable comme les glaces qui la produisent. Les champs de glace du pôle arctique se brisent, et leurs débris s'en vont à la dérive. Des montagnes de glace, provenant de la chute des glaciers du Spitzberg dans l'Océan, se détachent de la masse avec le bruit du tonnerre et deviennent errantes. On les nomme des icebergs : leurs dimensions sont colossales. Élisée Reclus nous en donne une saisissante description : « Au large des côtes rocheuses du Groenland, du Labrador, du Spitzberg, les glaçons s'unissent pour former les banquises. Elles ont parfois une superficie de centaines de milliers de kilomètres carrés, ou même constituent de véritables continents. Que de fois les explorateurs des mers arctiques ont en vain tenté de trouver un passage à travers ces barrières, et sont restés emprisonnés dans la masse solide, après s'être aventurés dans quelque baie trompeuse de la banquise ! Les montagnes de glace détachées des glaciers ont aussi des dimensions colossales, 120 mètres au-dessus de l'eau, 1000 au-dessous. Hayes compare au colosse de Rhodes un des blocs qu'il rencontra ; un large détroit coulait entre ses deux piliers. John Ross a rencontré dans la baie de Baffin plusieurs blocs échoués à une profondeur de 475 mètres. Quant aux fragments de banquises, on en a rencontré qui n'avaient pas moins de 100 à 150 kilomètres dans tous les sens, et qui devaient peser jusqu'à 18 milliards de tonnes. »

Malheur au vaisseau qui est pris entre ces blocs énormes, il est broyé et disparaît. Le *Tegetthoff*, emprisonné dans les glaces polaires en 1873, fut le témoin de ces luttes grandioses des éléments au moment de la débâcle. Son équipage n'échappa que par miracle à une mort qu'il croyait certaine. Nous empruntons la description du phénomène à la relation du *Tour du monde :* « Ce n'est qu'au moyen de l'ouïe qu'on peut se rendre compte de l'épouvantable conflit des éléments autour de soi, car on est dans une nuit profonde que nulle lanterne ne saurait éclairer. Les fracas de la glace comprimée, dont les blocs se heurtent et se brisent les uns contre les autres, ont augmenté sensiblement de sonorité à mesure que le froid s'est accru. A l'automne, alors que les plaines du *Pack* ne formaient pas encore des entablements aussi énormes et aussi puissamment soudés, les convulsions étaient accompagnées de bruits graves et sourds; à présent, ce sont de véritables hurlements de rage; oui, aucun mot ne saurait rendre la nature de ce vacarme. L'horrible grondement se rapproche de plus en plus; on dirait des centaines de chariots qui roulent sur un sol très raviné. En même temps, l'intensité de la pression s'accroît; déjà la glace commence à trembler immédiatement au-dessous de nous, et à gémir sur tous les modes imaginables. C'est d'abord comme le sifflement de mille flèches; c'est ensuite un espèce de concert furieux où les voix les plus aiguës glapissent mêlées aux plus graves; le mugissement devient de plus en plus sauvage; la glace, tout autour du navire, se rompt en fêlures concentriques, et ses fragments fracassés roulent les uns sur les autres.

» Un rythme particulier, marqué d'effrayantes saccades, indique le point culminant de la pression. L'oreille épie avec angoisse cette modulation bien connue. Ensuite survient un craquement; quelques raies noires strient la neige au hasard; ce sont de nouvelles crevasses qui ouvrent, un instant après, tout à côté de nous, des abîmes béants. C'est souvent aussi le dernier effort du phénomène. Les hautes agglomérations s'agitent en grondant et s'écroulent, pareilles à une ville qui tombe en ruine. On entend encore, par intervalles, quelques murmures, puis tout semble rentré dans le repos. Hélas! ce n'est que le commencement. »

L'immense couronne de glace que l'on rencontre à chaque extrémité de la terre se continue-t-elle jusqu'au pôle? Presque tous les navigateurs répondent que non. Ils croient à l'existence d'une mer libre, à température relativement élevée, séparée de notre océan par des glaces, des îles, des continents, que personne encore n'est parvenu à franchir. Cependant, le savant explorateur suédois Nordenskiold, qui vient de traverser si glorieusement tout l'océan Glacial, de Sibérie jusqu'au détroit de Behring, ne partage pas l'opinion générale. Après s'être approché du pôle jusqu'à une distance de 800 kilomètres, plus près que tout autre navigateur, il déclare que l'existence d'une mer libre arctique est une chimère.

Les terres enveloppées de glace, qui se joignent à l'Océan solidifié pour arrêter les explorateurs les plus intrépides, présentent un spectacle plus triste encore que celui des icebergs et des banquises. Dans l'intérieur de ces îles souvent immenses, où n'arrive plus aucune dérivation du Gulf-Stream, la température est plus basse encore que sur les glaces flottantes; il gèle en toute saison, et presque aucune végétation ne vient annoncer le retour d'un été sans chaleur. Aucune peuplade ne peut habiter à ces latitudes extrêmes, car l'homme n'y trouverait ni bois pour se chauffer, ni plantes pour aider à sa subsistance, et les animaux trop rares ne lui fourniraient qu'une existence bien précaire.

Chose surprenante pourtant, ces horribles climats, avec leurs rigueurs et leurs variations continuelles, leurs glaces, leurs brouillards et leurs tempêtes, sont des plus sains, et l'homme qui y porterait de quoi vivre jouirait d'une parfaite santé. Le Spitzberg, une des terres les plus proches du pôle, complètement inhabité, est cependant d'une grande salubrité. Écoutons Élisée Reclus: « L'archipel du Spitzberg, attiédi par les courants maritimes, participe à l'adoucissement du climat de toute l'Europe occidentale. En été, le climat du Spitzberg est, sinon l'un des plus agréables de la terre, du moins l'un des plus salubres. » Les divers explorateurs ont constaté que, pendant la belle saison, rhumes, catarrhes, toux, affections de poitrine, sont inconnus des équipages qui y séjournent. « Le Spitzberg devrait être recommandé par les médecins comme un excellent séjour d'été à un grand nombre de malades. Peut-être que, dans un avenir prochain, des hôtels pareils à ceux des sommets alpins seront érigés au bord des criques du Spitzberg, pour l'accommodation des chasseurs et des malades venus de l'Angleterre et du continent. Toutefois, ce climat salubre reste froid, inégal, changeant. Jamais le ciel n'est serein pendant une journée entière. »

Le Spitzberg, presque en son entier, est recouvert de glaciers et de neiges; la neige y tombe à toutes les époques de l'année. Souvent le froid est tel que le mercure se congèle à l'air. C'est surtout pendant l'immense jour de quatre mois, par un temps relativement calme, que se produisent les températures les plus basses. L'inégalité du climat est telle que, pendant le mois de janvier, qui est le plus froid, la température s'élève quelquefois au-dessus du point de glace. Un été très court, de quelques semaines, pendant lequel la neige tombe souvent, présente une température moyenne plus basse que celle du mois de janvier de nos climats.

Les récits des voyageurs vont nous éclairer davantage sur les grands froids de ces tristes régions.

CHAPITRE II

VOYAGES DANS LES RÉGIONS POLAIRES.

Dès le commencement du dix-huitième siècle, les voyageurs constatèrent et mesurèrent les froids intenses de la Sibérie, le plus froid des pays du monde. Quoique sous la même latitude que la Norvège et que la Laponie, elle a à supporter des hivers bien plus rigoureux encore, plus rigoureux même que ceux du Spitzberg et du Groenland. Ils y durent de neuf à dix mois, et la neige, qui apparaît d'habitude en septembre, tombe encore fréquemment en mai. Ce pays, cependant, n'est pas dépourvu de végétation, grâce aux chaleurs d'un été très court mais très chaud. Telles sont, en effet, les variations de ce climat, qu'à Iaktusk, le pays le plus froid du monde en hiver, les Tunguses peuvent aller nus en été.

En 1749, Delisle, étant à Saint-Pétersbourg, envoya en Sibérie un certain nombre de thermomètres, pour que la température y fût observée exactement. Lui-même avait supporté à Saint-Pétersbourg une température de — 34 degrés centigrades. « Il était impossible, dit-il, de rester exposé à ce froid le visage découvert pendant une demi-minute; la respiration y aurait pu manquer si l'on y fût resté plus longtemps; ce n'était qu'au travers des vitres de la fenêtre d'une chambre chauffée que l'on pouvait regarder mes thermomètres; personne ne pouvait impunément s'exposer à sortir des maisons, quelque couvert qu'il fût de bonnes fourrures. » La souffrance que faisait endurer le froid devait être due probablement à un vent d'est assez fort qui soufflait ce jour-là.

Mais cette température n'est rien en comparaison de celles

observées vers la même époque en Suède par M. de Maupertuis, et en Sibérie par des voyageurs antérieurs. M. de Maupertuis eut, en effet, à Lubin, en Suède, un froid de — 46 degrés. Il affirme que, lorsqu'on sortait par cette température, l'air semblait déchirer la poitrine. Il rapporte un effet curieux de ce froid : lorsqu'on ouvrait la porte d'une chambre chaude, l'air du dehors convertissait sur-le-champ en neige la vapeur qui s'y trouvait et formait de gros tourbillons blancs.

Des observations plus anciennes montrent que, dès le seizième siècle, on connaissait en Europe le froid intense de la Sibérie. Nous avons vu que le capitaine Hugues Willoughby, étant allé chercher, vers 1553, le chemin de la Chine par la mer septentrionale, fut arrêté par les glaces dans un port de la Laponie nommé Arzina, où il fut trouvé mort avec tout son monde l'année suivante. « Les Hollandais qui, étant allés de même chercher le chemin de la Chine par la mer Glaciale, furent obligés d'hiverner à la côte orientale de la Nouvelle-Zemble, l'an 1596, sous la latitude de 76 degrés, ne purent se garantir du froid qui les aurait tous fait mourir, qu'en s'enfermant dans une cabane qu'ils avaient construite avec des bois que les glaces avaient par bonheur entraînés, et par le moyen d'un feu continuel qu'ils entretenaient, tant avec ce bois qu'avec de la houille qu'ils avaient apportée de Hollande ; même avec ce secours, ils eurent bien de la peine à s'empêcher d'avoir les pieds gelés auprès du feu : leur cabane, quoique presque ensevelie sous la neige, et sans aucune issue pour la fumée afin de mieux conserver la chaleur du feu, était cependant en dedans couverte de glace de l'épaisseur d'un doigt; leurs habits et fourrures étaient aussi couverts de glace; le vin sec de Xérès était devenu par la gelée, dans la même cabane, aussi dur que le marbre et se distribuait par morceaux. Ils ne parlent point d'eau-de-vie, ni d'autres liqueurs plus fortes, n'en ayant peut-être pas alors. »

Le capitaine Middleton, dans l'habitation des Anglais à la

baie d'Hudson, fut placé à peu près dans les mêmes conditions, quoique à une latitude de moins de 58 degrés. « Quoique, dit-il, les maisons dans lesquelles on est obligé de s'enfermer pendant cinq à six mois de l'année soient de pierre, dont les murs ont deux pieds d'épaisseur; quoique les fenêtres soient fort étroites et garnies de planches fort épaisses, et que l'on ferme

Pris dans les glaces.

pendant dix-huit heures tous les jours; quoique l'on fasse dans ces chambres un très grand feu quatre fois par jour dans de grands poêles faits exprès, et que l'on ferme bien les cheminées lorsque le bois est consommé, et qu'il ne reste plus que de la braise ardente afin de mieux conserver la chaleur; cependant tout l'intérieur des chambres et les lits se couvrent de glace de l'épaisseur de trois pouces, que l'on est obligé d'ôter tous les jours. L'on ne s'éclaire dans ces longues nuits qu'avec des boulets de fer de vingt-quatre, rougis au feu et suspendus devant les fenêtres ; toutes les liqueurs gèlent dans ces appartements, et même l'eau-de-vie dans les plus petites chambres, quoique l'on y fasse continuellement un grand feu. Ceux qui se hasardent à l'air extérieur, quoique couverts de doubles et triples habillements et fourrures, non seulement autour du corps mais encore autour de la tête, du cou, des pieds et des mains, se trouvent d'abord engourdis par le froid et ne peuvent rentrer dans les lieux chauds, que la peau de leur visage et de leurs mains ne s'enlève et qu'ils n'aient quelquefois les doigts des pieds gelés. »

Hansteen a rapporté de son séjour en Sibérie des observations pleines d'intérêt sur le froid qui y règne. Le ciel y est presque toujours pur, et l'absence complète de vent permet de sortir par des températures extrêmement basses. Le calme de l'air est le plus souvent tel que la chandelle avec laquelle ils allaient faire dehors leurs observations ne vacillait même pas. Voyons les expressions mêmes du voyageur : « Dans cette région l'air est toujours tranquille, et sa sécheresse fait que l'on y souffre moins à — 37 degrés qu'en Norvège à — 19 degrés. Le nez et les oreilles sont les parties les plus exposées à l'effet du froid, et il arrivait souvent que pendant mes observations mon domestique me prévenait que mon nez était déjà tout blanc et requérait une prompte friction. »

Mais si, par des froids qui souvent dépassaient — 40 degrés, on pouvait sortir, il n'était guère possible de faire de grandes courses. Si, aussi couvert de fourrures que l'on fût, on voulait essayer de marcher vite, la respiration s'accélérait et l'on éprouvait aussitôt une grande angoisse dans les poumons. Les chevaux, pressés par le postillon, saignaient souvent par les narines : cet accident, qui se produit là-bas assez fréquemment, n'a aucune gravité et l'on n'y prend pas garde. — On était obligé de prendre des précautions constantes pour empêcher le mercure du baromètre de se congeler. Pour faire les observations, il était indispensable de ne pas toucher directement le métal avec la main nue ; on avait été obligé de garnir de peau tous les boutons des instruments : « Si l'on touche le métal avec la main nue, dit Hansteen, on sent au contact une douleur poignante, comme si c'était un charbon ardent, et il s'élève sur la peau une cloche blanche, comme au contact du fer rouge. » L'histoire rapporte des exemples d'accidents arrivés par le contact de la main et du métal par un froid trop intense. Nous en verrons un bien frappant en parlant du capitaine Parry.

La précaution recommandée par Hansteen (1829), de se frotter de temps en temps le visage et les mains avec de la neige, ne doit pas être oubliée. A Saint-Pétersbourg, par des températures de — 30 degrés, les passants s'avertissent mutuellement des dangers de congélation qu'ils courent. La tragédienne Rachel, un jour qu'elle se promenait à Saint-Pétersbourg, fut surprise d'une agression des plus vives d'un passant : il se précipita dans sa voiture, et, sans lui rien dire, car le cas était pressant, il se mit à lui frictionner vivement le nez.

Depuis Hudson (1690), les voyages de découverte au pôle Nord ont été nombreux, et tous les explorateurs eurent à lutter contre les glaces, à se préserver de froids véritablement terribles. Combien d'entre eux payèrent de leur vie leur courageux dévouement à la science ! Combien n'ont pu sortir de ces régions polaires, trop froides pour avoir des habitants ! « Quoique situées en dehors du monde habité, ces terres inhospitalières rappellent néanmoins quelques-unes des gloires les plus pures de l'humanité. Ces mers dangereuses ont été parcourues dans tous les sens par des hommes sans peur, qui ne cherchaient ni les batailles, ni la fortune, mais seulement la joie d'être utiles. »

Après Hudson, qui mourut, avec son fils, victime d'une révolte de l'équipage, arrive Behring (1741). Celui-ci, après d'importantes découvertes, périt dans une île déserte, de fatigue et de froid. Les neiges et les glaces furent son tombeau.

En 1813, les expéditions recommencent avec Ross, Parry, Franklin... — Nous tirerons des récits de ces voyages ce qui peut nous montrer le froid prodigieux des contrées parcourues.

En 1829, Ross retrouva dans le canal du Prince-Régent le vaisseau *Fury*, qui avait été abandonné par Parry en 1825. Pendant ces quatre années, toutes les provisions avaient été parfaitement conservées par le froid. Le rôle de conservation du froid, et surtout des glaces, se retrouve souvent dans les récits, et a acquis de nos jours une importance considérable.

Dans cette Sibérie, dont nous avons déjà décrit les froids rigoureux, un pêcheur tunguse trouva, en 1779, au milieu des glaces, à l'embouchure de la Léna, un mammouth (*Elephas primigenius*) en parfait état de conservation. Cet animal était enseveli là et conservé par les glaces depuis bien des milliers d'années. Le pêcheur en prit les défenses, et les tribus voisines le dépecèrent pour nourrir leurs chiens de sa chair. On rapporte même qu'ils ne se firent pas faute d'en manger eux-mêmes. Lorsque Adam, naturaliste russe, arriva pour constater la découverte, il ne restait plus que des os auxquels adhéraient encore quelques lambeaux de peau. En 1864, un autre mammouth fut découvert dans le golfe d'Obi. Cet éléphant avait la peau couverte de longs poils rouges brunâtres. Sa tête et son cou portaient une longue crinière qui tombait jusqu'aux genoux. Sa taille était plus grande, ses défenses plus longues, que celles de nos éléphants actuels.

Mais revenons au capitaine Ross. Son navire ayant été pris dans les glaces, il dut passer six hivers de suite dans ces affreuses régions, sans en pouvoir sortir. Il en profita pour faire de nombreuses observations. Ecoutons-le lui-même : « Dans les contrées polaires, la glace est si froide qu'on ne peut la tenir dans la main ni la fondre dans sa bouche; on souffre beaucoup de la soif; la neige, à une si basse température, l'augmente avec excès : aussi les Esquimaux aiment mieux l'endurer que de manger de la neige. En janvier nous ne pouvions faire aucune observation avec les instruments dont il était aussi impossible de toucher le métal que si c'eût été un fer rouge, tant ils glaçaient rapidement la main au contact, comme le mercure congelé. Un renard perdit la langue pour avoir mordu les barres de fer de la trappe où il fut pris. Le mercure en se congelant et se cristallisant dans la boule du thermomètre ne la brisa pas. On a chargé un fusil d'une balle de mercure gelé, et on a percé une planche de 1 pouce d'épaisseur; une balle d'huile d'amandes douces, congelée à — 40 degrés, tirée contre une planche, la fendit et rebondit à terre sans être cassée. »

On conçoit que les matelots conduits dans ces aventureuses expéditions devaient être choisis parmi les plus robustes. Sir John Ross a raconté à M. Ch. Martins qu'il éprouvait la résistance au froid des matelots en leur faisant poser un pied nu sur la glace : ceux qui ne tremblaient ni ne pâlissaient étaient choisis par lui, les autres refusés.

A la même époque, Parry explorait les mêmes régions. Il atteignit le quatre-vingt-deuxième degré de latitude. Il acquit la conviction qu'il existe une grande mer polaire libre, ouverte et sans glaces. Il eut à supporter, à l'île Melville, pendant le long séjour qu'il y fit, une température de — 48 degrés. Alexandre Fischer, chirurgien en second de l'expédition, affirme, comme Hansteen, qu'un homme bien vêtu pouvait se promener sans inconvénient à l'air libre par une température de — 46 degrés centigrades, pourvu que l'atmosphère fût parfaitement tranquille; mais il n'en était pas de même dès qu'il soufflait le plus petit vent, car alors on éprouvait sur la face une douleur cuisante, suivie bientôt d'un mal de tête insupportable. En février 1819, le mercure s'étant entièrement congelé à l'air, le capitaine Parry et ses compagnons reconnurent que le mercure solide est peu malléable ; il se brise sous le choc du marteau. Un jour, par un froid terrible, il fit verser du haut du mât de l'eau tiède à travers une passoire : l'eau arriva sur le pont à l'état de grêle.

Il rapporte un curieux et malheureux exemple de l'action du métal nu sur les mains par ces températures si froides. Un incendie s'étant déclaré dans la petite hutte construite sur le rivage, qui servait d'observatoire, on procéda au sauvetage des instruments. Un matelot ne prit pas le temps de mettre ses gants et transporta à bord du vaisseau un instrument de métal. En arrivant, ses mains étaient si froides que l'eau dans laquelle il les plongea fut congelée à leur contact. Il fallut lui couper les doigts.

Presque tous les compagnons de Parry perdirent quelques doigts ou les ongles.

Ross et Parry revinrent de leurs voyages, Franklin devait avoir le même sort que Behring. Perdu au milieu des glaces avec deux canots, il souffrit d'abord de la faim la plus atroce, au milieu d'une contrée déserte, couverte de neige. Il fallut vivre d'une mousse nommée tripe de roche : deux Canadiens étant morts de froid, on se partagea la semelle de leurs souliers. Lorsqu'il arriva au fort Entreprise, Franklin n'y trouva, pour toutes provisions, que des os abandonnés dans un tas d'ordures, et on en fit la soupe. Enfin arrivèrent des secours et des provisions. Les malheureux étaient sauvés.

Mais dans son troisième voyage, en 1845, Franklin fut moins heureux. Il partit avec des provisions pour sept années. Le 26 juin, il rencontra un baleinier, et depuis on ne reçut plus de ses nouvelles. En 1848 on commença à s'inquiéter de son absence, et pendant les années qui suivirent de nombreuses expéditions partirent successivement à sa recherche. Ce ne fut que plusieurs années après que des peuplades d'Esquimaux donnèrent quelques renseignements. Ils avaient vu, en 1850, une troupe de soixante hommes blancs, fort amaigris, voyageant dans un canot. Ces malheureux firent comprendre que leurs vaisseaux avaient été détruits par les glaces et qu'ils chassaient. Plus tard les Esquimaux trouvèrent un campement où il y avait trente cadavres. L'état de ces corps montrait que ces infortunés avaient été réduits à l'horrible ressource du cannibalisme.

En 1852, le docteur Kane partit pour les régions polaires. Il hiverna au 78ᵉ degré de latitude : excepté au Spitzberg, qui jouit d'un climat tempéré par des courants marins, aucun navigateur n'avait encore hiverné à une aussi haute latitude. Pendant une longue nuit de presque cinq mois on éprouva des températures de — 56 degrés, ce qui n'empêcha pas de faire constamment des observations.

Le commandant américain avait l'intention de profiter des glaces de l'hiver pour faire vers le nord une expédition en traîneau ; il avait dans cette intention amené un magnifique attelage de neuf chiens de Terre-Neuve, et de trente-quatre chiens esquimaux ; mais la froidure extrême les fit presque tous périr, et il ne lui en resta que six pour ses courses. Il montra l'existence dans le Groenland de glaciers immenses, auprès desquels les glaciers des Alpes ne sont rien. Il parvint jusqu'au 83ᵉ degré de latitude.

Forcés de séjourner au milieu des glaces un hiver encore, le docteur Kane et ses compagnons eurent cruellement à souffrir malgré leur alliance avec les Esquimaux. « Enfermés dans une étroite cabine entourée de mousse, dit M. Laugel, à peine défendus contre le froid, obligés de brûler chaque jour quelque partie du navire, atteints du scorbut, osant à peine interroger l'avenir dans leurs sinistres réflexions, le docteur Kane et ses compagnons atteignirent sans doute la limite des souffrances que la nature humaine peut endurer. » Enfin, au printemps, ils prirent le parti désespéré d'abandonner leur navire, et ils arrivèrent heureusement à Uppernavik. Quelques mois après

Kane mourait, à trente-quatre ans, des suites de ses souffrances.

L'une des dernières explorations au pôle Nord est l'exploration allemande des navires *la Germania* et *la Hansa*, en 1869 et 1870. Fait assez singulier, sur la côte orientale du

Attelage de chiens.

Groenland, les voyageurs n'eurent à supporter que des températures relativement élevées, ne dépassant pas — 30 degrés. C'est que le Gulf-Stream envoie encore par là quelques dérivations. Le sort de l'équipage de la *Hansa* ne fut pas cependant pour cela moins à plaindre. Forcé d'abandonner le vaisseau qui avait été écrasé par les glaces, il resta pendant 237 jours sur un glaçon qui le portait à la dérive vers le sud. Sur cette île flottante de sept milles de circonférence on ne manqua d'abord de rien. Une grande partie du chargement avait pu être embarquée. Mais à la fin, le combustible venant à manquer, on en fut réduit à tout brûler pour se chauffer, pétrole, eau-de-vie, le tabac même. Enfin, le 13 juillet, après une course en canot de deux mois, on parvint à Friedrichsthal.

Ces quelques extraits de quelques-unes des expéditions au pôle Nord nous suffisent pour connaître quelles sont les températures les plus basses observées, et quels effets elles produisent. Résumons ces températures et ces effets.

Des températures de — 40 degrés ont été observées en Amérique à la même latitude que Marseille, à Newport, Franconvay, Bangor. Plus au nord on a subi des températures bien plus basses : à l'île Melville, — 48 degrés; au fort Entreprise, — 49 degrés; au fort Reliance, — 56°.7; c'est vraisemblablement le froid le plus grand qui ait jamais été observé en Amérique. L'Europe, dans des terres beaucoup moins boréales, a vu des températures presque aussi basses : à Moscou, — 43 degrés; à Calix (Suède), — 55 degrés. Le Spitzberg est beaucoup moins froid.

Mais c'est à l'Asie, avec ses masses profondes de terre, que reviennent les températures les plus basses qui aient jamais été observées. A Iakoutsk, le 25 janvier 1829, on observa — 58 degrés. La température beaucoup plus basse encore de — 60 degrés aurait été constatée en ce même lieu le 21 janvier 1873, par un marchand russe nommé Severow. Enfin, un médecin-major, Middendorf, a affirmé y avoir noté un froid de — 63 degrés. « Alors, dit-il, le mercure devenu métal se travaille au marteau comme le plomb, le fer devient cassant, les haches se brisent comme du verre quand on veut s'en servir, le bois refuse de se laisser couper; il semble que le feu lui-même gèle, car les gaz qui l'alimentent perdent de leur chaleur. » Le fait de la congélation du mercure se produit à partir de la température de — 40 degrés dans toutes les contrées que nous venons de décrire; il faut alors nécessairement remplacer le thermomètre à mercure par le thermomètre à alcool. C'est pour n'avoir pas pris cette précaution que Gmelin, le 16 janvier 1735, à six heures du matin, crut avoir noté une température de — 70 degrés à Ieniseisk, puis une température de — 84 degrés à Kiring. Le mercure s'était congelé dans son thermomètre, et, par la contraction produite au moment de la solidification, avait marqué une température beaucoup plus basse que la température réelle.

Mais Gmelin ne s'aperçut pas de ce qui était arrivé; Delisle, en 1736, reconnut le premier que le mercure peut se solidifier par le froid. Cependant, jusqu'en 1760, le fait resta ignoré du plus grand nombre, et fut même révoqué en doute par ceux auxquels il était raconté. C'est seulement à cette époque que divers physiciens, utilisant le froid rigoureux qu'il faisait à Saint-Pétersbourg pour obtenir à l'aide de mélanges réfrigérants des températures plus basses encore, purent solidifier artificiellement le mercure, et étudier ses nouvelles propriétés. Les savants étaient si peu préparés à cette solidification, ils la croyaient si impossible, qu'on lit dans l'*Histoire de l'Académie des sciences pour 1760:* « Quand les premiers navigateurs qui passèrent dans l'Inde dirent aux Indiens que cette liqueur qui leur paraissait si mobile, si fluide, que l'eau enfin devenait en hiver, dans les climats septentrionaux, dure et solide comme la pierre, ils les prirent pour des imposteurs; ils ne se rendirent que lorsqu'on eut trouvé le moyen de leur montrer cette eau durcie, de la glace en un mot, et de leur faire voir que rien n'était plus vrai que ce qu'ils n'avaient jamais voulu croire. Nous aurions peut-être été aussi étonnés et aussi incrédules qu'eux autrefois, si l'on nous eût dit que le mercure peut acquérir la solidité des corps durs, des métaux. »

Dans l'hiver de 1808-1809, le mercure se congela naturellement dans l'air à Moscou.

La solidification du mercure, ainsi constatée d'une manière indiscutable en 1760, fut un événement considérable, et causa une certaine déception aux savants. C'est que, à cette époque, on n'avait pas encore perdu l'espérance de changer les métaux communs en métaux précieux, et qu'on comptait sur le mercure pour opérer la transmutation. Les savants croyaient à la possibilité de solidifier le mercure d'une manière permanente, et, suivant le degré plus ou moins parfait de sa solidification, d'en faire du plomb, de l'étain ou de l'argent. Il n'y aurait plus eu alors qu'à ajouter à ce mercure solide une nouvelle qualité, la couleur, au moyen d'une teinture convenable, pour en faire de l'or.

Aussi, lorsque l'on eut constaté que le mercure une fois solidifié redevenait liquide quand le froid disparaissait, les alchimistes sentirent crouler leurs dernières espérances.

Sur l'homme, les effets de froids si excessifs sont rapides. Toutes les parties du corps qui ne sont pas assez garanties sont vite congelées. Par un temps absolument calme, nous l'avons vu, on peut résister quelque temps, et le visage, même à découvert, peut rester exposé à l'air. C'est que dans ce cas la chaleur du sang qui réchauffe le visage n'a à lutter que contre le rayonnement; l'air froid qui le touche, ne se renouvelant que lentement, n'emporte guère de chaleur. Quand il y a du vent, il en est tout autrement, et la rapidité du refroidissement est bien plus grande. Aussi, en Sibérie, fait-on quelquefois usage de masques pour se couvrir le visage, pour préserver le nez et les oreilles.

Quand on se livre à un exercice violent, à une marche rapide, la souffrance au visage n'est pas moindre, mais il vient s'en ajouter une autre. La respiration s'accélère, la quantité d'air qui pénètre dans la poitrine augmente, et comme cet air est glacé, la chaleur du sang ne suffit plus à réchauffer les poumons; de là la souffrance intérieure.

Nous pouvons donc affirmer que par des froids de —40 degrés la vie extérieure n'est plus possible; c'est à peine si l'on peut séjourner quelques instants dehors, et encore à la condition qu'on ne s'y livre à aucun exercice un peu violent. Ce n'est pas seulement le contact de l'air qui est à craindre dans ces cas, mais encore, mais surtout le contact des métaux; nous en avons rapporté plusieurs exemples. L'explication de ce fait est aisée.

Les métaux sont des corps bon conducteurs de la chaleur; si un corps chaud est placé sur une barre métallique, la chaleur se propage rapidement à partir du point de contact pour se répandre dans toute la barre; de telle sorte qu'au bout de quelques instants le corps chaud sera entièrement refroidi. La barre métallique lui aura soutiré toute sa chaleur par le point de contact pour s'échauffer elle-même. Que le corps chaud soit au contraire placé sur du bois, sur une étoffe de laine, la chaleur qui passera dans l'étoffe, ne pouvant s'y propager rapidement, car l'étoffe conduit mal la chaleur, restera au point de contact; le corps chaud se refroidira lentement.

Notre main, c'est le corps chaud. Qu'elle saisisse un morceau de bois, elle l'échauffe seulement à l'endroit touché, et ne perd elle-même que peu de chaleur. Mais si nous prenons une barre de fer, la chaleur qui sort de la main est à chaque instant disséminée dans la totalité de la masse de métal, les points de contact ne s'échauffent pas sensiblement. De là une soustraction rapide de chaleur qui occasionne une désorganisation des tissus analogue à celle que cause une brûlure. C'est ce qui nous explique aussi pourquoi, en hiver, un métal nous semble à la main beaucoup plus froid que le bois placé à côté de lui, quoique, en réalité, les deux corps soient à la même température.

CHAPITRE III

FAUNE ET FLORE DES RÉGIONS POLAIRES.

Les froides régions qui entourent les pôles ne peuvent pas être bien riches en espèces végétales et animales. Un hiver presque perpétuel, une nuit de plusieurs mois, ne permettent pas à la végétation de se développer librement; les animaux, d'autre part, plus ou moins sensibles au froid et ne trouvant pas à se nourrir, fuient ces lieux inhospitaliers.

Chaque végétal a besoin, pour commencer son développement, d'une température déterminée, et, pour l'achever, d'une certaine quantité de chaleur comptée à partir de cette température. Bien peu de plantes peuvent se contenter de la petite somme qu'offrent les régions polaires. Aussi voit-on une richesse croissante de la flore en allant des pôles à l'équateur. L'île du Spitzberg, parfaitement explorée, ne possède que quatre-vingt-dix espèces de plantes; tandis que la Sicile, d'une étendue moins considérable, en possède deux mille six cent cinquante.

Les rares plantes de la zone glaciale doivent avoir le temps, dans l'espace de quelques journées de l'été polaire, de germer, d'ouvrir leurs feuilles et de mûrir leurs fruits. Une somme de 50 à 100 degrés leur suffit.

La terre a été divisée en zones de végétation se succédant du pôle à l'équateur. La zone polaire boréale, à laquelle correspondrait une zone australe encore inconnue, comprend l'archipel Glacial de l'Amérique, le Groenland, le Spitzberg, la Sibérie du nord. Dans cette zone, pas de forêts; suivant l'expression de Linné, « les lichens, les derniers des végétaux, y couvrent la dernière des terres. » En Islande, on ne rencontre plus de froment, les arbustes n'y sont plus que des broussailles; un mûrier solitaire, qui pousse à l'abri d'une muraille, à Akreyri, est nommé avec orgueil par les insulaires « l'arbre. » Au sud de cette zone polaire s'étend une autre zone, dite *arctique*, où se montrent les premiers arbres et les premières cultures.

Comment les animaux vivraient-ils dans un semblable milieu? Les obstacles apportés à la végétation par la rigueur et la prolongation du froid ne nuisent pas moins aux animaux. « Certains animaux, comme l'homme et le chien, peuvent supporter des températures extrêmes sans qu'il y ait danger pour leur vie, et ceux-là, nous les voyons habiter les régions polaires et les régions équatoriales; mais il en est d'autres, comme les singes, qui ne peuvent vivre dans un état parfaitement normal que sous les tropiques, et comme les rennes, qui ne trouvent que dans les régions septentrionales les conditions nécessaires à leur existence. Certaines espèces meurent quand on les arrache aux terres boréales, couvertes de glaces pendant la plus grande partie de l'année. Le campagnol que M. Martins a vu sur le Faulhorn, et certains animalcules, tels que le *Desoria nivalis* et le *Podura hiemalis*, ont les neiges ou le sol qu'elles recouvrent pour aire d'habitation. Dans les mers, la baleine franche et divers animaux de la famille des cétacés sont arrêtés par les eaux chaudes des latitudes tropicales comme par une barrière de flamme. »

Mais encore faut-il que ces animaux trouvent à se nourrir dans les régions qu'ils habitent. Dans le voisinage immédiat du pôle, sans végétation, on ne trouve sur terre que des insectes, et dans les mers couvertes de glaces qu'un très petit nombre de poissons, de mollusques et de crustacés. A ces animaux se joignent quelques carnassiers ichtyophages, ours et morses. La population marine est plus nombreuse. M. Nordenskiold, dans son dernier voyage de 1878-1879, a trouvé dans l'océan Sibérien une abondance surprenante de la vie. Il y a découvert une faune aussi riche en individus que celle des mers tropicales, quoique la température du fond soit constamment au-dessous de zéro. Sur terre, dans les parties où la moindre rigueur des hivers permet la croissance de quelques rares végétaux, apparaissent les herbivores et les carnivores.

La Sibérie, la plus froide des régions du globe pendant l'hiver, n'est pas cependant la moins bien pourvue en végétaux, et non seulement la végétation mais même l'agriculture y sont encore possibles.

C'est que, à des hivers de neuf et dix mois, pendant lesquels la température descend à — 60 degrés, succèdent des étés courts mais brûlants, plus chauds que les nôtres, avec des chaleurs de + 35 degrés. Aussi les blés et les autres végétaux croissent, pour ainsi dire, à vue d'œil. Les plantes auxquelles la rigueur de la saison ne laisse que quelques jours d'existence ont cependant le temps de fleurir et de porter des graines. Dans le pays des Yakoutes, la végétation ne commence qu'en mai, après la fonte des neiges; mais elle se produit alors avec une telle rapidité, que trente jours après, les feuilles ont acquis leur entier développement. Dans les prairies, le foin s'élève à la hauteur d'un homme à cheval. C'est que la chaleur de l'été est aussi grande qu'est excessif le froid de l'hiver. Au Kamtschatka, le blé ne peut plus arriver à maturité, mais l'orge peut encore mûrir.

Outre les plantes annuelles, qui n'ont pas à supporter les rigueurs de l'hiver, on rencontre des plantes vivaces, mais seulement les plus robustes. Le chêne, le noisetier, le sapin de Norvège lui-même, ne tardent pas à disparaître lorsqu'on s'avance assez vers le nord. Mais, à la place de ces arbres, on rencontre d'épaisses forêts de bouleaux, d'aunes, de tilleuls, d'érables, de peupliers et d'arbres verts. Quelques belles plantes même, cachées sous les neiges pendant l'hiver, le lis des vallées, l'ellébore, l'iris et l'anémone, forment des prairies éblouissantes de couleurs et d'une odeur suave.

Avec une pareille végétation, les animaux trouvent facilement à vivre pendant l'été : en hiver, leur vie est très difficile. Cependant les espèces animales qui y vivent à l'état sauvage sont nombreuses, et la Sibérie est une source presque inépuisable à laquelle on demande en abondance le gibier et la fourrure. Cependant plusieurs cris d'alarme ont déjà été poussés, et si les procédés employés pour la chasse ne sont pas un peu modifiés, on verra, en Sibérie comme partout, se produire la dépopulation. Là se rencontrent les martes zibelines, les renards noirs, les renards blancs, les hermines, les marmottes, l'écureuil, l'ours, et tant d'autres animaux à fourrure. L'élan est aussi très répandu. C'est au mois de mars qu'on se livre à sa chasse; à cette époque, la neige à moitié fondue permet encore au chasseur de glisser sur de grands patins de bois; mais l'élan perce la neige à chaque pas et s'y enfonce.

Le pays a aussi un nombre considérable d'oiseaux, qui sont un excellent gibier.

Les mers de la Sibérie et ses fleuves abondent en poissons, et nombre de peuplades ne vivent que de la pêche.

Dans la Nouvelle-Sibérie, la faune et la flore sont bien plus rares.

Les régions polaires de l'Europe, moins froides en hiver mais aussi moins chaudes en été, ne sont pas aussi favorisées au point de vue des plantes et des animaux.

La Laponie a cependant un climat comparable à celui de la Sibérie. Aussi, à Zyngen, près du cap Nord, à la latitude de 70 degrés, on récolte encore du blé dans les lieux abrités des vents de la mer. Les neiges ne disparaissent qu'en juin; mais alors, par un jour sans nuit qui dure plus d'un mois, la végétation avance avec une prodigieuse rapidité, et à la fin d'août, après 72 jours de croissance, les blés sont mûrs. A cette latitude il n'y a plus d'arbres.

Tous les points de la Laponie sont bien loin de pouvoir

L'élan perce la neige à chaque pas et s'y enfonce.

produire du blé : « La Laponie, écrit William Hepworth Dixon, n'est autre chose qu'un fouillis de rocs énormes, de marécages profonds et sombres; çà et là se déroule, entre ces obstacles, une vallée sinueuse sur les pentes de laquelle poussent ces lichens chétifs dont les rennes font leur nourriture. Des bouquets de pins et de bouleaux donnent à ce paysage austère un peu de variété; mais aucune céréale ne croît sous ces froides zones, et les indigènes n'ont d'autres ressources que le gibier et le poisson. Le pain de seigle, leur seul luxe, doit être expédié par eau des villes d'Onéga et d'Arkhangel, qui elles-mêmes le tirent des provinces méridionales. »

C'est déjà presque le tableau désolé du Spitzberg. Là, les rigueurs de l'hiver ne sont pas excessives, et la température moyenne du mois le plus froid n'est que de — 18°.2, mais il n'y a pas d'été. Sous ce ciel gris et sans lumière, même pendant le long jour de l'été, les plantes ne peuvent s'accroître. Pendant les rapides semaines de soleil, quelques phanérogames fleurissent, semblables à celles des Alpes, et viennent égayer de leurs vives couleurs ces froides solitudes. En dehors de là, des mousses et des lichens : en tout 90 plantes. La faune n'est guère plus riche. M. Charles Martins n'y a rencontré, en comptant les cétacés, que 16mammifères, dont quatre seulement terrestres : l'ours, qui vit principalement de poissons; le renne, un campagnol et un renard bleu. Là, aucun reptile, mais plusieurs insectes. Les poissons non plus ne sont guère nombreux.

Les cétacés, au contraire, pullulent. De 1669 à 1778, les baleiniers hollandais tuèrent sur les côtes du Spitzberg 57 000 baleines; leur nombre aujourd'hui diminue singulièrement. Il en est de même des morses. Ainsi, à l'île des Ours, à 450 kilomètres au nord-ouest des côtes du Finmarken, on rencontrait anciennement un nombre énorme de morses. En 1608, un équipage en tua plus de mille en une seule journée. Maintenant on n'en voit presque plus.

Malgré la pauvreté des espèces au Spitzberg, on a rencontré des régions plus pauvres. La terre François-Joseph, plus au nord, avec sa température moyenne de — 15 degrés, ne renferme presque plus rien. « La végétation de ce pays, dit M. Reclus, où les chaleurs de l'été ne peuvent ouvrir que d'étroites clairières dans le couvercle continu des neiges et des glaces, est naturellement d'une extrême pauvreté; en comparaison des *prairies* de François-Joseph, celles du Spitzberg semblent d'une exubérante richesse. Quelques herbes, des saxifrages, un pavot, des mousses et des lichens, telle est la flore de la contrée. Payen n'a point vu de renne : cet animal ne trouverait sans doute point à se nourrir dans ces îles désolées; mais dans les régions septentrionales de l'archipel, près de la *mer libre*, se voyaient partout les traces de l'ours, du lièvre et du renard, et des veaux marins étaient en foule étendus sur la glace. De même que sur les côtes des Feroërs, de l'Islande, du Spitzberg, les rocs isolés sont habités par des myriades de pingouins et d'autres oiseaux, et, à l'approche des voyageurs, les mâles s'élèvent en vols immenses, avec un bruit d'ailes assourdissant.

» C'est que, si les terres rapprochées des pôles sont pauvres en espèces, ces espèces elles-mêmes ont, pour la plupart, des représentants en nombre immense. Quelques îlots des Lofodens sont tellement peuplés de volatiles qu'on leur a donné le nom de Hyken, ou montagnes d'oiseaux. De même sur les promontoires et dans les fiords des Hébrides, des Shettlands, des Feroërs, de la Norvège, du Spitzberg, de la Nouvelle-Zemble, les assises des rochers sont occupées, à perte de vue, par des rangées d'oiseaux pressées comme les soldats d'une armée. Quand ces foules de volatiles s'élancent contre le vent et la mer pour aller chercher leur proie, ou tourbillonnent au-dessus des chasseurs, elles s'élèvent en nuages, et l'homme, ivre de destruction, n'a qu'à tirer au hasard pour abattre ses victimes, à moins qu'armé d'un bâton il ne préfère assommer les femelles qui, tout en glapissant avec rage, restent noblement accroupies sur leur couvée. »

L'Islande, comme le Spitzberg, quoique beaucoup moins au nord, profite du Gulf-Stream. Les hivers y sont, dans leurs écarts extrêmes, moins froids que ceux de France, et les étés moins chauds. Le pays emprunte de plus aux singularités de son sol une originalité toute spéciale. Neiges éternelles, volcans, sources jaillissantes d'eau bouillante, on y rencontre les plus étranges contrastes. Les chaleurs de l'été, bien modérées cependant, permettent d'y récolter quelques grains et des pommes de terre. Les prairies permettent d'y élever des bœufs, des moutons, des rennes, des chevaux. On y fait la chasse des oiseaux et de quelques animaux à fourrure. La pêche y est abondante. C'est à peine si l'île de Terre-Neuve, à la latitude de 48 degrés, est plus favorisée.

La Nouvelle-Bretagne, un immense continent comme la Sibérie, présente presque les mêmes caractères. Cependant les eaux de l'Océan qui le pénètrent de toutes parts, qui séparent les nombreuses îles de son archipel, ont un peu adouci son climat; mais l'adoucissement est petit. Mêmes hivers horribles, mêmes étés étouffants, même répartition des animaux et des plantes. Nous n'y insisterons pas.

CHAPITRE IV

LES HABITANTS DES RÉGIONS POLAIRES.

Dans les régions si froides dont nous venons de parler ne peuvent vivre que de rares et peu nombreuses peuplades. La rigueur du climat, en les attaquant directement, rend leur vie bien pénible; mais ce sont surtout les difficultés de la subsistance qui arrêtent leur développement. Faisons sur ce sujet un nouvel emprunt à Élisée Reclus.

« De rares peuplades seulement se sont égarées dans la solitude de la zone glaciale, et luttent péniblement contre le climat pour lui arracher chaque jour leur dure existence. Ne pouvant guère pénétrer dans l'intérieur des îles et des terres continentales, à cause des glaciers et du manque de végétation, ils construisent leurs huttes de bois ou de neige au bord de l'océan. Là, du moins, les vents apportent en été quelques bouffées d'un air équatorial, les contre-courants poussent sur la rive des eaux venues des tropiques et qui n'ont pas encore perdu entièrement leur chaleur primitive; enfin, quand la tempête n'agite pas la mer, et que la surface liquide n'est pas recouverte de bancs de glace épars, le pêcheur peut se hasarder dans sa barque de cuir à la poursuite des phoques et des poissons. Quand il a forcé de son harpon les animaux qui doivent servir de nourriture à sa famille, il revient dans le trou noir qui lui sert de tanière, et c'est là qu'il passe, en se chauffant à la flamme d'une lampe, cette longue nuit d'hiver qui semble ne devoir jamais finir, car le soleil même, le foyer de la vie terrestre, abandonne la zone glaciale pendant des semaines et des mois, et l'aurore polaire, qui remplace l'astre par intervalle, n'envoie qu'une lueur livide, véritable fantôme du jour. La vie est difficile pendant ce long et ténébreux hiver : aussi la famine sévit souvent parmi ces peuplades, et parfois des tribus ont disparu sans laisser de trace de leur passage. »

» Comment l'esprit des Groenlandais, des Esquimaux et des Kamtschadales ne subirait-il pas l'influence du climat désolé des régions polaires? Tous les voyageurs racontent que les plus simples plaisirs suffisent pour remplir de joie ces êtres naïfs dont la vie est si monotone; dans leur lutte pour l'existence, ils ne sont point ambitieux, car la grande chose est de se nourrir, et le sol est trop rebelle à la culture, le climat trop inclément, pour qu'ils puissent réagir contre la terre et tenter de se l'approprier; ils sont aimants et doux, car dans leur hutte de neige, la famille est pour eux tout l'univers. Ils sont attachés à leur patrie et meurent quand ils sont obligés de la quitter, parce que leurs idées sont uniformes comme le pays dans lequel ils sont nés, et que là seulement ils peuvent ressentir ces joies simples et ces plaisirs tranquilles qui les reposent de leurs fatigues. Parmi les peuples, ce sont encore des enfants. Ils périssent quand on les arrache du sein de leur mère. »

Encore ces rares peuplades n'ont-elles pu remonter bien haut, et beaucoup de terres se rencontrent, au delà du 75e degré, qui n'ont pas d'habitants. Leur végétation, leur faune, sont trop pauvres pour pouvoir fournir à la nourriture des peuplades les plus clair-semées. La Nouvelle-Sibérie, la Nouvelle-Zemble, le Spitzberg, l'extrémité nord du Groenland, les îles arctiques de l'archipel américain, ne voient que les rares voyageurs qui y sont attirés par l'amour de la science ou l'appât de quelque gain, principalement de la pêche des morses et des baleines. Plus au sud, on rencontre des habitants permanents disséminés en peuplades à moitié sauvages; mais ils sont bien clair-semés.

Dans la Sibérie, cette immense région, d'une étendue au moins égale à celle de l'Europe, on compte à peine deux millions d'habitants. Ce sont les Russes ou Cosaques émigrants, puis les tribus indigènes en nombre considérable, Tartares, Tungouses, Samoyèdes, Yakoutes, Kamtschadales...

Dans le nord de l'Europe, ce sont encore les Samoyèdes, puis les Lapons et les habitants de l'Islande. En Amérique, les Esquimaux, qui sont répandus partout, au Groenland, au Labrador, comme à l'ouest de la baie d'Hudson.

Habitant des régions presque identiques, soumises aux mêmes influences climatériques, ayant à lutter contre les mêmes difficultés, ces peuplades si nombreuses se ressemblent presque en tous points. Même manière de se garantir du froid, mêmes abris primitifs, même mode de subsistance. Chez tous la nourriture est presque exclusivement animale, puisque la terre se refuse à produire des plantes qui peuvent servir à la nourriture de l'homme. Le poisson et le renne, voilà les deux comestibles presque uniques qui nourrissent les peuples des régions polaires.

Cette nourriture animale, grasse surtout, est du reste indispensable comme moyen de défense contre le froid. Le Dictionnaire de médecine indique en ces termes cette nécessité : « La résistance aux froids dans les régions tempérées s'acquiert à peu de frais et sans changement radical dans les habitudes. L'homme a-t-il, au contraire, à lutter contre le froid antivital des régions polaires, il n'a le dessus dans cette lutte qu'en modifiant profondément toutes les conditions de sa vie. Il trouve surtout dans un genre spécial de nourriture un moyen efficace de résistance. Les explorations pour trouver le passage du nord-ouest ont fixé les points essentiels de cette hygiène polaire. Il est bien reconnu maintenant qu'à l'imitation du régime des Esquimaux, la nourriture des Européens doit contenir une grande proportion de matières grasses, c'est-à-dire d'aliments principalement respiratoires, mais que les alcooliques vont à l'encontre du but qu'on se propose ; des boissons théiformes, chaudes, aromatiques, les remplacent avec avantage.

Parry avait déjà signalé les inconvénients de l'alcool, Hayes a insisté fortement sur ce point. »

Quelques terres très froides pourraient cependant nourrir de nombreux habitants si l'on savait mettre à profit la belle saison, pendant laquelle la végétation est si rapide. Mais ces peuples nomades ne connaissent guère l'agriculture. Ainsi, l'île de Terre-Neuve est presque complètement déserte; les rares habitants qui vivent sur ses côtes ne demandent qu'à la pêche des ressources pour soutenir leur triste existence. Et cependant, dans l'intérieur des terres, M. Murray a découvert des vallées très fertiles, bien boisées, et dans lesquelles on pourrait se livrer à l'agriculture. Telle vallée explorée par M. Murray, sur les bords du Gander, suffirait à nourrir plus de 100000 habitants.

Dans l'impossibilité où nous sommes de passer en revue toutes les peuplades qui habitent les régions polaires, nous nous contenterons d'en prendre trois, les Samoyèdes pour l'Asie, les Lapons pour l'Europe, les Esquimaux pour l'Amérique : ces deux dernières étant, du reste, de beaucoup les plus importantes, sinon les seules, pour l'Europe et pour l'Amérique.

Au physique, la ressemblance de ces hommes si éloignés les uns des autres est frappante. Tous les trois sont de petite taille, avec une grosse tête, un torse assez fort, et des jambes très grêles. Cette disproportion tient à ce que ces peuples, sans cesse occupés à ramer, développent ainsi leur torse aux dépens de la partie inférieure du corps.

La taille des Lapons a été longtemps opposée à celle des Patagons, ces géants qui occupent à peu près les antipodes de la Laponie. Mais, de même qu'il a fallu rabattre de l'immense taille des Patagons, de même on a reconnu que les Lapons ne sont pas des nains. Leur taille moyenne n'est guère inférieure à $1^{m}.60$, et plusieurs atteignent la taille de $1^{m}.70$. Les Samoyèdes sont un peu plus grands, ainsi que les Esquimaux. Ils sont tous assez laids. Les femmes, aussi petites et aussi laides que les hommes, sont couvertes de vêtements dépourvus d'élégance qui ne rehaussent en rien leur beauté.

Ces malheureux, entourés de toutes les difficultés de l'existence, dont beaucoup sont condamnés à vivre sans feu sous le

Samoyèdes.

climat le plus dur, sont tristes, mais en général simples et bons. Les Samoyèdes, opprimés et misérables, sont peut-être les plus à plaindre.

« Les Lapons, dit M. Reclus, sont d'une grande douceur; ils ont le regard triste de l'homme vaincu, mais ils sont restés bienveillants. Ils sont très hospitaliers.

» Grâce à l'extrême salubrité du pays, et malgré la saleté repoussante de leurs cabanes, les Lapons jouissent en général d'une excellente santé et deviennent très âgés; la mortalité est moins forte chez eux que chez les civilisés du littoral; mais, ainsi qu'Acerbi le remarquait déjà au siècle dernier, ils ont souvent les yeux rouges et malades à cause de la fumée des tentes et de leurs continuels voyages au milieu des neiges.

» Les voyageurs russes disent les Lapons de Russie très supérieurs à leurs voisins par la pureté des mœurs, la délicatesse des sentiments, la probité de la vie, bien que leurs relations avec les Russes les aient déjà corrompus. Les Lapons ne ressemblent à leurs voisins les paysans russes que par le costume et leur penchant à l'ivrognerie. Ils ont grand soin de leurs personnes et se lavent soigneusement même en hiver. »

Nous avons déjà eu l'occasion de dire que les régions polaires, malgré l'effroyable rigueur de leur climat, ne sont pas insalubres. L'âge avancé auquel arrivent les Lapons en est une nouvelle preuve. Toutes les relations des voyageurs en font foi. « En lisant ces récits lugubres qui nous représentent une poignée d'hommes aux prises avec la faim, la fatigue et le froid, partant pour des excursions de plusieurs mois, à travers ces solitudes sans bornes, attelés le jour aux traîneaux qui renferment leurs provisions, dormant la nuit sur la glace qui conserve au réveil l'empreinte de leurs corps, l'esprit se partage entre l'admiration qu'inspirent ces mâles courages et la surprise qu'on ressent en voyant presque tous ces hommes y résister. »

De même qu'on ne connaît le vraie taille des Lapons que depuis peu, depuis peu aussi on les représente avec leur véritable caractère. Au milieu de ce siècle, les voyageurs les dépeignaient encore comme étant de véritables brutes, méchants, avares, défiants, ornés de tous les vices.

Les Esquimaux n'étaient pas mieux traités, et on leur accordait « un caractère aussi odieux que leur personne était difforme. » On les représentait comme étant querelleurs et toujours prêts à manquer à leur promesse. Et cependant, en 1852, lorsque le docteur Kane, forcé d'hiverner dans le Groenland, traita avec eux, il n'eut qu'à se louer de leur caractère. Ils ne manquèrent à la foi jurée dans aucune occasion et ne songèrent pas à profiter de leur supériorité numérique pour massacrer l'équipage et s'emparer des objets si tentants que renfermait le navire. De quel droit, dès lors, a-t-on pu accuser, sans aucune preuve, ces paisibles peuplades du meurtre de Franklin et de ses compagnons?

Presque identiques sont donc toutes ces tribus par l'aspect et le caractère. Aussi grande est la ressemblance pour la manière de vivre. Pour se défendre contre le froid, ils ont leurs vêtements, leurs cabanes et le feu.

Leurs vêtements sont faits de peaux de bêtes, qu'ils façonnent avec une habileté plus ou moins grande. Le cuir les préserve de l'humidité, le poil les protège contre le froid.

Les habitations sont fort diverses d'aspect, mais presque toujours assez bien disposées pour le but à obtenir. Tantôt ce sont de simples trous creusés en terre, avec une ouverture très petite qui sert à la fois de porte et de cheminée ; tantôt ce trou est béant, et couvert au ras du sol de peaux garnies de leurs poils. D'autres fois, autour du trou creusé en terre s'élèvent des piquets qui supportent la toiture, composée de branches d'arbres, dans les pays où il y en a, et d'herbes sèches, revêtues d'une couche de terre d'un pied d'épaisseur. Dans ces huttes, pas de cheminées; la fumée sort par la porte, et l'action de cette fumée sur les yeux, jointe à la réverbération de la neige, cause des ophtalmies très nombreuses.

Chez les Esquimaux, notamment, la cheminée serait bien inutile : la végétation est si pauvre que le combustible manque. Ils n'ont guère que de la graisse à faire brûler dans des lampes qui les éclairent et les chauffent à la fois. Le passage suivant, extrait de la Géographie de Malte-Brun, montre combien est grande la pénurie de combustible chez ces peuplades. Il s'agit pourtant ici des îles Aléoutiennes, dont la latitude est moindre que 55 degrés. « Lorsque ces insulaires veulent manger quelque chose de cuit, envie qui leur prend rarement, ils dressent deux pierres l'une à côté de l'autre, en prennent une troisième plate qu'ils pressent horizontalement par-dessus et autour de laquelle ils forment un rebord de terre glaise ou d'argile, remplissent tout le dessus d'herbes sèches et y mettent le feu. Quand ils veulent se chauffer eux-mêmes, ils ne font pas de feu, mais ils mettent entre leurs jambes une lampe à huile allumée, et en conduisent la chaleur sous les peaux dont ils sont couverts. De cette manière, on est en peu de temps chauffé comme dans un bain russe. »

Enfin les peuplades plus nomades se construisent souvent des huttes de neige durcie ou de glace. Elles sont faites avec art : la lumière pénètre par une fenêtre pratiquée au plafond et fermée par un fragment bien diaphane de glace. Un jour suffit pour élever ces constructions.

Les huttes d'été sont encore plus rudimentaires que celles d'hiver, et se composent seulement de quatre perches supportant des peaux de renne qui constituent le toit. Ces habitations d'été sont quelquefois soutenues en l'air par des perches, et on n'y arrive qu'en grimpant.

Dans les régions où la végétation est un peu plus florissante, où le combustible n'est pas rare, il y a des cheminées. Ainsi, les Kamtschadales passent l'hiver dans des huttes souterraines dont chacune sert d'asile à plusieurs familles. Là, pendant la mauvaise saison, ils allument de grands feux et se divertissent par des danses, pendant que la neige amoncelée couvre la hutte jusqu'au tuyau de la cheminée, la garantissant ainsi, mieux que ne le ferait la plus épaisse fourrure, du froid extérieur.

Et comme le bois est assez commun en Sibérie, et ces huttes creusées sous terre parfaitement closes, les naturels y obtiennent des températures dont nous n'avons aucune idée. L'abbé Chappe d'Auteroche, qui voyageait en Sibérie au dix-huitième siècle, a constaté dans des chaumières russes l'épouvantable température de + 50 degrés centigrades. Dans ce four les indigènes vivent souvent absolument nus, tandis qu'à l'extérieur il fait un froid de —30 à —40 degrés.

Du reste, les habitants du Kamtschatka, de même que certaines peuplades relativement favorisées de la Sibérie, sont moins misérables et plus civilisés que les Esquimaux et les Lapons. Ainsi, les Yakoutes sont intelligents, industrieux, hospitaliers. Ils ont des sentiments élevés, protégent leurs parents et leur obéissent, honorent les vieillards. Leurs femmes, quelquefois jolies, sont très modestes et très réservées. Ils aiment le travail, et sont si durs à la fatigue qu'ils peuvent travailler trois et quatre jours sans rien manger. A côté de cela ils possèdent les vices de la civilisation ; ils sont ivrognes et volontiers menteurs.

Mais revenons aux bords de l'océan Glacial. Outre le problème des vêtements et de l'habitation, ces peuplades ont à résoudre le problème bien autrement difficile de la subsistance. De nourriture végétale, il n'y faut guère songer : c'est à peine si ces pays déshérités produisent assez pour nourrir quelques herbivores d'une frugalité incroyable. Et cependant la nourriture végétale doit, dans bien des cas, leur venir en aide.

Pendant l'hiver, les Lapons de Russie et les Samoyèdes mangent de la mousse, des écorces d'arbres, et une sorte d'herbe amère et malsaine. Les plus favorisés, et ils sont peu nombreux, y ajoutent du pain d'orge et de seigle, et quelques produits importés. Les gens des pays voisins, qui parcourent ces contrées pour le commerce du gibier et des fourrures, payent souvent en nature, et souvent avec les pires produits de la civilisation. Cependant chez les Lapons l'usage du café s'est en grande partie substitué à celui de l'eau-de-vie. Les plus riches parmi les Lapons en font un usage immodéré, jusqu'à en boire presque constamment. Ils en font un véritable aliment, en y ajoutant du sel, du fromage, du sang, de la graisse.

Mais tout cela n'est rien qu'un agrément pour les riches, s'il s'agit du café; qu'un pis-aller pour les pauvres, s'il s'agit de nourriture végétale. On peut dire, d'une manière générale, que ces gens du Nord ne vivent que de viande et de graisse. Les Esquimaux, par exemple, n'ont pour toute nourriture que de la chair de phoque, du saumon salé, et de l'huile de poisson dont ils font une consommation effrayante. Les uns, les nomades, qui vivent surtout dans l'intérieur des terres, se nourrissent de la viande et du lait de leurs troupeaux. Les autres, relativement sédentaires, vivent du produit de leur chasse, et surtout de leur pêche. Deux animaux domestiques, les deux seuls de ces climats, constituent toute la ressource de ces pauvres gens.

Les familles des pasteurs, aussi bien Samoyèdes que Lapons ou Esquimaux, ont le renne. Cet animal est fait pour le pays qu'il habite. Sa résistance au froid est illimitée, sa frugalité inouïe. En été, les rares herbes qui poussent sur le sol lui fournissent une nourriture abondante; en hiver, il sait vivre de rien. Le lichen qu'il trouve sous la neige suffit à sa subsistance. Mais ce lichen pousse avec une lenteur excessive: aussi ne peut-on paître une région qu'une fois tous les dix ans. Cette circonstance suffit à elle seule à expliquer la prodigieuse rareté des habitants dans ces régions. Il faut de 600 à 700 hectares de ces prairies de lichen pour nourrir 25 rennes, et 25 rennes sont nécessaires à l'existence d'un Lapon. C'est que le Lapon pasteur tire de son troupeau la totalité de sa subsistance. Il attelle ses rennes à son traîneau et se transporte ainsi, avec tout ce qu'il possède, d'un point à un autre de ses immenses et misérables pâturages. La dépouille du renne est utilisée tout entière par lui : la peau lui sert de vêtement, avec les boyaux il fait du fil, avec la vessie des bouteilles. Ces bouteilles servent à conserver la graisse, le sang. « Le repas ordinaire de la journée est la soupe de sang, faite de farine et de sang mêlé de caillot, que les ménagères savent garder pendant les mois d'hiver, à l'état liquide, dans des tonneaux ou des outres en estomac de renne. » Mais ce n'est pas seulement la chair et le sang du renne qui nourrissent le Lapon, son lait est aussi employé. Pendant tout l'hiver, le Lapon mange le lait du renne, conservé sous forme de rondelles.

Dans tous les voyages, le renne, qui n'est, comme force et vitesse, qu'un attelage médiocre, montre une résistance prodigieuse, et il se passe d'étable par une température capable de tuer les animaux les plus robustes.

Mais les pasteurs ne sont pas les plus nombreux, surtout parmi les Esquimaux. Un plus grand nombre de peuplades vivent surtout de leur chasse, et là ils sont aidés par le second animal domestique, par le chien.

Comme le renne, le chien sert de bête de trait. Le traîneau de l'Esquimaux ou du Samoyède, attelé de dix ou douze chiens, court sur la neige avec une rapidité vertigineuse, et pendant un temps très long. Malheureusement, ces chiens, toujours affamés, nourris exclusivement de viande, quand ils sont nourris, sont désobéissants et quelquefois féroces. Ils n'obéissent qu'au fouet, que les Esquimaux manœuvrent avec une incroyable adresse et avec une sévérité nécessaire. C'est que le chien des régions polaires, assez semblable à notre chien de berger, n'a aucun des instincts généreux du noble animal qui, chez nous, est l'ami de l'homme. C'est encore un animal sauvage, maintenu en servitude par les nécessités de son existence, et n'obéissant qu'à la force.

Tel qu'il est cependant, il est aussi indispensable au chasseur que le renne l'est au nomade. C'est grâce à lui que l'Esquimaux peut tirer parti des faibles ressources du triste pays qu'il habite. C'est lui qui le transporte dans ses courses, qui l'aide dans ses chasses. Sans le chien, il ne pourrait poursuivre ni le renne sauvage dans les prairies, ni le veau marin sous la glace, ni l'ours sur les glaçons flottants; sans le chien, plus de subsistance et bientôt la mort.

Esquimaux.

La pêche enfin est la troisième ressource des peuples du Nord, et la plus importante. La population des côtes est, en effet, la plus nombreuse, et elle vit presque exclusivement de poisson, et, qui plus est, de poisson cru, frais ou séché.

De même que les Samoyèdes, appelés aussi *Siroydis* ou *mangeurs de viande crue*, dévorent la viande du renne sans la faire cuire; de même les Esquimaux, dont le nom a à peu près le même sens, mangent le poisson absolument cru, presque vivant. La pêche est la seule occupation de ces peuples du littoral.

Les Esquimaux notamment y sont habiles. Ils ont de petits canots faits avec un art extrême, nommés kayaks. Composés d'un bois très léger, ils sont recouverts de peaux de phoque, si artistement cousues les unes aux autres qu'elles sont absolument imperméables à l'eau. Le canot, extrêmement petit, ayant la forme d'une aiguille de tisserand, n'a que bien juste la place du pêcheur. Là dedans, armé d'une rame unique de six pieds de long, il file comme le vent. Le corps complètement immobile, car le moindre mouvement ferait tout chavirer, il s'avance le long des côtes, navigue à travers les glaces, poursuivant le veau marin, le morse et le narval, faisant aussi le service de la poste entre les établissements danois.

Et c'est ainsi que ces peuples misérables, placés dans un milieu qui les menace de toutes parts, exposés à chaque instant à mourir de froid et de faim, traînent leur malheureuse existence, sans un instant de repos, plus à plaindre cent fois, dans cette terrible lutte pour l'existence, que les plus tristes animaux de nos pays. Combien, après ces peintures, vont nous sembler doux nos hivers les plus rigoureux, douces aussi les misères qu'ils traînent après eux!

CHAPITRE V

LE FROID DANS LES MONTAGNES.

A mesure que l'on s'élève au-dessus du niveau de la mer, la température s'abaisse. Ce fait a été constaté de toute antiquité. On le remarque, soit que l'on monte en ballon à une certaine hauteur, soit qu'on gravisse péniblement les montagnes. On éprouve alors la même succession de température que si on allait de l'équateur au pôle, et on rencontre sur sa route, à mesure que l'on s'élève, des animaux et des plantes qui habitent d'ordinaire des pays de plus en plus froids. Le froid qui règne au sommet des montagnes un peu élevées suffit pour y maintenir des neiges éternelles, et alors elles deviennent complètement inhabitables pour l'homme, et souvent même inaccessibles. Aussi la plus grande altitude atteinte l'a-t-elle été en ballon. Glaisher et Coxwell seraient arrivés, le 5 septembre 1862, à la hauteur de 11 000 mètres.

Sur le flanc des montagnes on n'est pas allé si haut; le pic le plus élevé dont on ait visité le sommet est l'Ibi-Gamin, montagne du Thibet, qui a 6 730 mètres au-dessus du niveau de la mer. Mais les habitations permanentes sont loin d'aller à de telles hauteurs. Le village de Saint-Véran, le plus élevé de l'Europe, est à 2 009 mètres. L'hospice du Saint-Bernard est à 2472 mètres. La maison la plus élevée de la terre, la station de poste de Rumihuasi, entre Cuzco et Puno, dans le Pérou, presque sous l'équateur, est à 4 934 mètres. Voyons l'aspect de ces régions élevées. Nous y trouverons un hiver perpétuel, ou, plus exactement, une région polaire égarée en pays chaud.

Sur les flancs des montagnes la neige tombée pendant l'hiver fond au printemps; mais à partir d'une certaine hauteur, la chaleur de l'atmosphère diminuant, la neige demeure toute l'année. La limite des neiges persistantes n'est pas la même partout. La ligne de séparation entre la zone des pluies et celle des neiges est d'autant plus élevée qu'on est plus près du pôle. Cette ligne ne s'abaisse probablement nulle part jusqu'au niveau de la mer. Toutes les terres connues, même le nord du Groenland et la terre François-Joseph, n'ont plus de neige au niveau de la mer pendant les quelques jours du milieu de l'été. Dans le Thibet, la limite des neiges persistantes ne commence qu'entre 5000 et 6000 mètres d'altitude. Dans les Alpes et les Pyrénées, elle commence vers 2800 mètres.

Il ne faudrait pas croire cependant que sur les hauts sommets le soleil n'ait pas de force; ce serait une complète erreur. Là-haut, au contraire, les nuages sont rares; le voyageur les a au-dessous et non pas au-dessus de lui. Entre le soleil et la montagne, rien qui intercepte les rayons, qui tamise leur chaleur : ils sont brûlants. Mais ces rayons passent à travers l'air sans l'échauffer, et, malgré leur ardeur, l'atmosphère reste froide. M. Tyndall va nous raconter les sensations que peut faire éprouver le soleil des montagnes :

« Tandis qu'un quartier de viande est rôti par l'action du foyer, l'air qui l'environne peut rester aussi froid que glace. L'air des hautes montagnes peut être excessivement froid, quoique le soleil darde des rayons brûlants. Les rayons solaires, qui, dans leur contact avec la peau humaine, sont presque douloureux, restent impuissants à échauffer l'air d'une manière sensible; il suffit de se mettre parfaitement à l'ombre pour sentir le froid de l'atmosphère. Jamais, dans aucune circonstance, je n'ai tant souffert de la chaleur solaire qu'en descendant du *Corridor*, au *grand plateau* du mont Blanc, le 13 août 1857; pendant que je m'enfonçais dans la neige jusqu'aux reins, le soleil dardait ses rayons sur moi avec une force intolérable. Mon immersion dans l'ombre du dôme du Gouté changea à l'instant mes impressions, car là l'air était à la température de la glace. Il n'était pourtant pas sensiblement plus froid que l'air traversé par les rayons du soleil, et je souffrais, non pas du contact de l'air chaud, mais du choc des rayons calorifiques lancés contre moi à travers un milieu froid comme la glace. »

Les rayons du soleil ne sont pas sans action sur la neige des hautes régions, et ils en déterminent constamment la fonte. La neige, fondue à la surface, produit une eau glacée qui s'enfonce. Soustraite alors à l'action du soleil, elle se regèle, et peu à peu la masse entière se transforme en glace. Au sommet de la montagne on a la neige, un peu plus bas le névé, ou neige déjà à moitié durcie par la fonte et le regel; plus bas encore, la transformation est complète, c'est le glacier.

Ce glacier, poussé sur la pente de la montagne de toute la force de son poids, descend lentement, se modelant sur les gorges et les vallées. C'est, comme nous l'avons expliqué, la fusion de la glace par pression, et sa recongélation quand la pression ne s'exerce plus, qui expliquent cette plasticité apparente du glacier, qui lui permet de couler pour ainsi dire comme un fleuve. Arrivée à la limite des neiges persistantes, la base du glacier se fond, formant un ruisseau, un torrent, la naissance d'un fleuve. Les neiges persistantes du sommet des montagnes ne sont donc pas des neiges éternelles; sans cesse elles fondent et descendent le long des pentes, soit lentement à l'état de glace, soit brusquement dans les avalanches qui causent si souvent en bas de terribles ravages. Aussi les neiges sont moins abondantes au sommet des monts à la fin de l'été qu'à son début.

Mais bientôt la provision est renouvelée. Elle l'est même en été, car dans ces hautes régions, où la température de l'air est constamment inférieure à zéro, il ne pleut jamais, il neige. Tout nuage qui se résout au-dessus du sommet de la montagne se résout en neige; de telle sorte qu'à quelques heures d'intervalle on peut voir le soleil, par l'ardeur de ses rayons, fondant la neige à la surface, puis cette neige être renouvelée par une chute presque immédiate.

Et nous voyons bien nettement ici le rôle du soleil, rôle prépondérant dans notre monde, puisque c'est lui qui est la cause déterminante de tous les phénomènes qui se produisent à la surface de la terre. Cette eau, qui coule en bas du glacier par suite de l'action du soleil, va donner naissance à un fleuve, va alimenter l'océan. Peu à peu le soleil la reprend, la volatilise; elle devient invisible, mais se répand partout dans notre atmosphère, y jouant, au point de vue qui nous occupe, un rôle capital que nous aurons à examiner. Cette vapeur, rencontrée dans les hautes régions par un courant d'air froid, va former les nuages, puis la neige, qui viendra tomber de nouveau sur ce même pic peut-être d'où elle était partie quelques mois auparavant. Admirable évolution, dans laquelle nous voyons l'eau tour à tour solide, liquide, gazeuse, tournant sans cesse dans le même cercle, toujours nouvelle et toujours la même. Et toutes ces transformations sont dues à la même cause, la chaleur du soleil.

Rien n'est plus facile que de montrer directement, en quelques instants, sans sortir de sa chambre, les nombreuses métamorphoses de l'eau. Dans cette chambre bien chauffée introduisons un mélange réfrigérant. Aussitôt nous voyons le vase qui le renferme se recouvrir d'une blanche enveloppe. Râclée avec un couteau, la couche condensée nous donne de la neige; un peu pressée entre les mains, notre neige devient du névé. Comprimons ce névé dans un moule de bois, nous aurons une lentille de glace si transparente qu'on pourrait, en l'exposant aux rayons du soleil, l'employer pour allumer du feu. Mais bientôt notre glace fond, la voilà réduite en eau. Comme nous sommes un peu pressés, mettons cette eau sur le feu, et dans quelques minutes notre vase sera vide. L'air a repris, après tant de transformations, la vapeur invisible que nous lui avons enlevée au début.

Dans les régions des neiges éternelles ne se trouvent plus d'habitants, mais il s'y rencontre encore des animaux et des plantes. Le système de distribution des plantes et des espèces animales, que l'on reconnaît en allant de l'équateur aux pôles, on le retrouve en gravissant une montagne. Faisons encore à ce sujet un emprunt à Élisée Reclus : « Prenons pour exemple, dit-il, le Canigou, qui se dresse si superbement. Les oliviers qui recouvrent les campagnes de la Têt et du Tech croissent aussi sur les racines avancées du mont, jusqu'à 420 mètres d'altitude : la vigne s'élève beaucoup plus haut, mais à 550 mètres elle disparaît à son tour : au delà de 800 mètres cesse de croître le châtaignier. Les derniers champs cultivés en seigle et en pommes de terre ne dépassent point 1 640 mètres, hauteur à laquelle le hêtre, le pin, le sapin, le bouleau, souffrent déjà du vent et de la rigueur des hivers. A 1 950 mètres s'arrête le sapin : le bouleau ne se hasarde point au delà de 2 000 mètres; mais le pin, plus hardi, escalade les rochers jusqu'à l'altitude de 2 430 mètres, non loin de la cime. Au-dessus, la végétation ne se compose plus que d'espèces alpines ou polaires. Le rhododendron, dont les premières touffes s'étaient montrées à 1 320 mètres, a pour limite une élévation de 2 840 mètres. Quant au genévrier, il monte en rampant et en cachant à demi son branchage dans le sol jusqu'à la pointe terminale, haute de 2 785 mètres, et couverte de neige pendant presque toute l'année. »

La végétation s'arrête donc seulement à la limite des neiges éternelles. Là, elle cesse complètement, car presque aucune plante ne semble pouvoir végéter à une température constamment inférieure à zéro degré. Dans les régions polaires, nous avons vu la triste végétation ne se développer que pendant les quelques jours d'été où la température s'élève un peu au-dessus de zéro.

Cependant, un saxifrage (*Saxifraga oppositifolia*) peut fleurir jusqu'au milieu des glaces du Spitzberg, et, dans les hautes montagnes, sur la lisière des neiges éternelles. D'autre part, M. Martins rapporte avoir vu en fleur la soldanelle alpine sous une voûte de neige. J'ai vu, pour ma part, pendant le terrible hiver de 1879-1880, des violettes en fleur sous la neige, au mois de décembre, par une température extérieure extrêmement basse.

Enfin, là où ni le rhododendron ni le genévrier ne peuvent vivre, on trouve encore, comme au Spitzberg, des lichens et des mousses, dernière végétation des pays froids.

Les animaux qui se rencontrent plus loin que les plantes dans les régions polaires vont aussi plus haut qu'elles sur les sommets des montagnes. On rencontre même des mammifères au-dessus de la limite des neiges perpétuelles. M. Hugi, puis ensuite M. Martins, ont en effet trouvé, à une hauteur de près de 4 000 mètres au-dessus du niveau de la mer, une sorte de souris que M. Martins a nommée le « campagnol des neiges. » La marmotte, si connue de tous, habite en été les plus hauts sommets des Alpes, tout couverts de neige. Elle semble fuir devant la chaleur et monter plus haut à mesure que les neiges fondent par le bas. Elle se tient juste à la limite des neiges, pour avoir à la fois la possibilité de rester dans le milieu qu'elle affectionne et de se nourrir des rares herbes qui poussent un peu plus bas.

Dans les montagnes de nos pays, l'ours brun a remplacé l'ours blanc des régions polaires; le chamois est venu prendre la place du renne. Les oiseaux sont plus nombreux que les mammifères; mais ici ils se trouvent dans des conditions bien différentes de celles des oiseaux des régions polaires. Quelques minutes de vol, quelques heures au plus, suffisent pour les conduire dans les prairies chaudes qui sont au-dessous, dans lesquelles ils trouvent une subsistance abondante et assurée. Pour les oiseaux, la montagne neigeuse est donc plutôt un lieu de refuge qu'une aire d'habitation et de subsistance. Tel est l'aigle des Alpes.

Quelques oiseaux cependant semblent habiter réellement les neiges éternelles, y vivant d'insectes, et ne les quitter presque

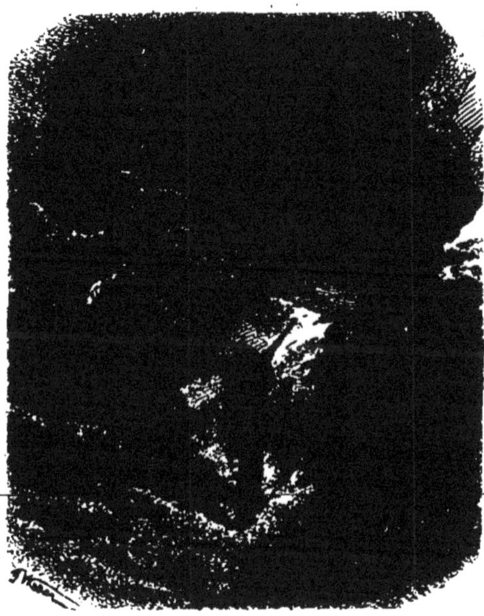

L'ours brun.

jamais. Le bec-fin roitelet, un des plus petits oiseaux de notre pays, est dans ce cas. Plus haut encore se trouve le pinson des neiges, qu'on ne rencontre jamais dans nos plaines, mais qu'on voit en Sibérie et dans la Nouvelle-Bretagne, là où il retrouve ses conditions d'existence. Toujours au-dessus des neiges éternelles, perché sur un rocher qui a été dénudé par la tempête, il daigne à peine descendre jusqu'aux hospices du Saint-Bernard et du Saint-Gothard pour y nicher quelquefois.

Les reptiles, presque inconnus dans les régions polaires, ont cependant quelques représentants dans les neiges des montagnes. Une espèce de lézard passe sa vie au sommet des Alpes, engourdi sous la neige pendant dix mois de l'année. Pendant son court réveil, il fait concurrence au bec-fin et au pinson, et leur dispute les rares insectes qui vivent là-haut. « La zone glaciale est si bien le milieu naturel de ces lézards, qu'ils aiment mieux mourir de faim que vivre dans des régions plus hospitalières où on a voulu les transplanter. »

LIVRE III

LES GRANDS HIVERS FRANÇAIS.

CHAPITRE PREMIER

LES GRANDS HIVERS AVANT CELUI DE 1709.

Nous n'avons, sur les hivers anciens, que des renseignements fort incomplets, et le plus souvent fort vagues. Maintes fois même les récits des historiens méritent peu de créance : il s'agit seulement de faits mal observés, souvent légendaires, presque toujours exagérés à plaisir. Nous les passerons très rapidement en revue.

Plusieurs savants ont recherché, chez les historiens, les mentions d'hiver rigoureux, et ont tenté d'en dresser une liste complète. Arago, notamment, a établi cette liste avec la description rapide de tous ces grands hivers. Nous y avons déjà fait, nous y ferons encore de nombreux emprunts; emprunts nécessaires, car la notice d'Arago renferme en abrégé tout ce qui peut être dit sur la matière.

Cette liste, complétée par M. Barral, renferme deux cent vingt hivers, compris entre l'année 396 avant notre ère et l'année 1858, bien proche de nous. Elle est, au début, nécessairement fort incomplète, car les historiens n'ont pas parlé de tous les hivers de rigueur moyenne comparables à ceux qu'Arago cite dans les derniers siècles.

L'hiver de 1709 étant le premier des grands hivers sur lesquels nous ayons des renseignements presque complets, nous allons d'abord nous occuper de ceux qui ont précédé celui-là. Nous n'en citerons que quelques-uns, non pas les plus rigoureux, puisque nous n'avons aucun moyen de mesurer exactement leur rigueur, mais ceux qui nous présenteront des faits dignes d'être rapportés. Nous passerons aussi sous silence ceux dont nous avons déjà eu occasion de parler dans la première partie de cette étude.

En 821 : « Toutes les plus grandes rivières de la Gaule et de la Germanie furent tellement glacées que, par l'espace de trente jours et davantage, on y passoit par-dessus et à cheval et avec des charrettes; de sorte que, venant cette glace à fondre, il y eut plusieurs villes et citez voisines des fleuves qui en furent grandement endommagées. »

En 1076 : « Cette année fut si étrangement froide que la plupart des arbres, vignes et fruictiers mourut, et que même les semences en furent intéressées ; et continuèrent les grandes gelées depuis le premier jour de novembre jusqu'à la my-avril, qui fut cause que la terre devint stérile pour quelques années ensuyvantes. » La disette de blé fut si grande que peu de gens purent se flatter d'avoir vu du froment de la récolte de cette année.

En 1124 : « Cet hiver fut plus rude que d'ordinaire et extrêmement pénible à supporter, à cause de l'amoncellement de la neige qui tomboit presque sans relâche. Un grand nombre d'enfants, et même de femmes, moururent de l'excès du froid. Dans les rivières, les poissons périrent emprisonnés sous la glace, qui étoit si épaisse et si solide qu'elle supportoit les voitures chargées, et que les chevaux circuloient sur le Rhin comme sur la terre ferme. On vit, en Brabant, un fait singulier : les anguilles, chassées en quantité innombrable de leurs marécages par la gelée, se réfugièrent dans les granges, où elles se cachèrent; mais le froid étoit tel qu'elles y périrent faute de nourriture et se putréfièrent. Le bétail mourut dans beaucoup de contrées. Les intempéries se prolongèrent tellement que les arbres ne prirent leurs feuilles qu'en mai. » Il est impossible de voir en moins de mots une description plus complète d'un grand hiver. Elle est empruntée par Arago à Guillaume de Nangis. Tout s'y trouve parmi les effets que nous avons étudiés sur le froid.

En 1325, l'hiver fut très rigoureux. La débâcle de la Seine à Paris fut très difficile, et les deux ponts de bois furent emportés.

L'hiver de 1408 fut certainement l'un des plus rudes du moyen âge, et, d'après les chroniqueurs, il faut remonter au moins à 500 ans pour en rencontrer un semblable. Il nous serait aisé d'y insister longuement. On lit dans les registres du Parlement : « La Saint-Martin dernière passée, a esté telle froidure que nul ne pouvoit besogner; le greffier même, combien qu'il eût du feu près de lui en une pelette pour garder l'encre de son cornet de geler, toutes fois l'encre se geloit en sa plume, de deux ou trois mots en trois mots, et tant que enregistrer ne pouvoit. » Félibien en donne une assez longue description : « Tous les annalistes de ce temps-là ont pris soin de remarquer que l'hyver de cette année fut le plus cruel qui eût esté depuis plus de 500 ans. Il fut si long, qu'il dura depuis la Saint-Martin jusqu'à la fin de janvier, et si aspre, que les racines des vignes et des arbres fruitiers gelèrent. Toutes les rivières étoient gelées et les voitures passoient sur celle de Seine dans Paris. On y souffroit une grande nécessité de bois et de pain, tous les moulins de la rivière estant arrestez, et l'on seroit mort de faim dans la ville, sans quelques farines qui y furent apportées des pays voisins. Le temps commença à devenir plus doux le 27 janvier, mais le dégel causa de grands désordres. »

La débâcle commença à Paris dans la matinée du 30 janvier. Les premiers chocs des glaçons contre les arches des ponts avertirent les habitants des nombreuses maisons construites dessus de pourvoir à leur sûreté : aussi, au moment de la rupture de deux de ces ponts, n'eut-on pas d'accidents de personnes à déplorer.

A voir avec quel soin Félibien donne la description de cet hiver, il semble qu'il n'y ait pas de doute possible et qu'on soit bien réellement en présence d'un hiver tout à fait exceptionnel. Il n'est pas, du reste, le seul historien à en parler, et, dans cette circonstance, Félibien est absolument véridique. Les divers récits se corroborent les uns les autres. Et cependant, seize ans après, à une époque où l'on ne pouvait avoir oublié cet hiver exceptionnel, il y en eut un autre : nombre d'historiens, qui n'avaient pas parlé des rigueurs de 1408, parlent de 1422; tandis que d'autres, après avoir raconté longuement l'hiver de 1408, ne font aucune mention de celui de 1422. Chacun se borne à déclarer que son hiver est le plus fort des hivers. Le *Journal de Paris*, dans les Mémoires pour servir à l'Histoire de France et de Bourgogne, s'exprime ainsi : « En 1422, douzième jour, fut le plus aspre froid *que homme eust veu faire;* car il gela si terriblement qu'en moins de trois jours le vinaigre, le verjus, geloient dans les caves, et fut la rivière de Seine, qui grande étoit, toute prise, et les fruits gelés en moins de quatre jours, et d'une telle âpre gelée dix-huit jours entiers... » Cet exemple, qui est loin d'être le seul, doit nous rendre fort circonspects dans nos recherches, et nous montre qu'il faut absolument renoncer à classer, par des considérations quelconques, les hivers qui ont précédé 1709. Nous savons, du reste, comment on écrivait l'histoire à cette époque. Continuons donc notre nomenclature rapide, sans y chercher autre chose que le récit de quelques faits curieux auxquels nous n'accorderons qu'une croyance modérée.

En 1434 : « L'hiver fut très long. Il neigea près de 40 jours consécutifs, la nuit comme le jour. Il fut ordonné d'enlever la neige des rues et de la porter dans la place de Grève, mais on n'y pouvoit suffire. On a remarqué, comme une chose fort singulière, que dans le tronc d'un seul arbre il se trouva, de compte fait, plus de cent quarante oiseaux morts de froid. »

Nous ne pensions pas, en faisant les réserves précédentes, trouver sitôt l'occasion de les appliquer. Est-il croyable que la neige soit tombée pendant quarante jours consécutifs? La vie à Paris n'aurait-elle pas été complètement interrompue, et n'en serait-il pas résulté une perturbation telle dans la capitale que tous les historiens en eussent parlé? Et sur ce point tous gardent le silence. Il y a donc ici une exagération flagrante, exagération doublée d'enfantillage. Quoi, il est tombé de la neige pendant quarante jours à Paris, et l'effet le plus remarquable de ces neiges a été de faire périr quelques petits oiseaux. Ceux qui ont vu Paris après une chute de neige de 24 heures, qui ont été obligés de circuler alors dans les étroites rues de la vieille ville, ne pourront que sourire en lisant les lignes qui précèdent.

François de Belle-Forest nous donne, dans *les Grandes Annales*, la description de l'hiver de 1564 : « Le roi entrant en Languedoc, l'hiver commença aussi premièrement par pluies, puis devint si âpre et si rigoureux, et si violent en vents, gelées et neiges, qu'il n'y avoit homme, tant vieux fût-il, qui l'ait vu ni si long, ni tant véhément, comme ainsi fait que les rivières demeurèrent éprises et caillées plus de deux mois, et ainsi le cours d'icelles empesché; ne faut-il s'ébahir si le trafic cessoit et s'il y avoit faute de bois en plusieurs lieux, et surtout à Paris, et si au dégel les ponts et les moulins furent emportés par les glaçons; tant y a que les vignes, les arbres et fruictiers se ressentirent tellement de cette froidure, et la terre en fut de telle sorte épuisée de sa chaleur radicale, qu'elle a esté assez longtemps après sans être si fertile qu'auparavant, et les vignes à demi mortes ont été plusieurs années si étonnées, que la moindre gelée leur ôtoit leur puissance de produire et de nourrir le raisin, d'où est advenue cette grande cherté des vins qui dure si longuement en ce royaume. » C'est dans cet hiver que le roi fut pris à Carcassonne par les neiges.

Sa durée nous est indiquée par les vers suivants de Pierre de l'Estoile :

L'an mil cinq cent soixante-quatre,
La veille de la Saint-Thomas,
Le grand hyver vint nous combattre,
Tuant les vieux noyers à tas :
Cent ans a qu'on ne vit tel cas.
Il dura trois mois sans lâcher,
Un mois outre la Saint-Mathias,
Qui fit beaucoup de gens fâcher.

Enfin, pour terminer ce rapide examen de quelques-uns des anciens hivers, passons à celui de 1608, juste cent ans avant le terrible hiver de 1709.

Mézeray, dans son Histoire de France, éditée en 1755, en parle en ces termes : « L'année 1608 est nommée encore aujourd'hui l'année du grand hiver, à cause de sa longue et terrible froidure. Elle avoit commencé à devenir très âpre le jour de Saint-Thomas, et ayant duré plus de deux mois sans relâcher qu'un jour ou deux, elle glaça, pour ainsi dire, pétrifia toutes les rivières, gela presque toutes les jeunes vignes et les jeunes plantes à la racine, tua plus de la moitié des oiseaux et du gibier à la campagne, grand nombre de voyageurs par les chemins, et près de la quatrième partie du bétail dans les étables, tant par la rigueur du temps que par le défaut de fourrages. On remarqua que les chaleurs de l'été suivant égalèrent presque les rigueurs de l'hiver et que néanmoins l'année fut des plus abondantes. » Cette abondance montre que les ravages exercés sur la végétation ne furent pas aussi grands que l'indique Mézeray.

Le 10 janvier, à Paris, dans l'église Saint-André des Arcs, le vin gela dans le calice; « il fallut, dit l'Estoile, chercher un réchaux pour le fondre. » Le pain qu'on servit à Henri IV, le 23 janvier, était gelé; il ne voulut pas qu'on le lui changeât. A Anvers, les habitants dressèrent des tentes sur l'Escaut, et on allait y banqueter. Mézeray, complétant sa description, parle

1608. Anvers. — Les habitants dressèrent des tentes sur l'Escaut.

de la débâcle : « Les glaces des rivières rompirent les bateaux, les chaussées et les ponts; les eaux, grossies par les neiges fondues, inondèrent toutes les vallées; et la Loire, bouleversant ses digues en plusieurs endroits, fit un second déluge dans les campagnes voisines. En Italie, il survint du commencement un si grand débordement des rivières, que Rome se vit presque en un déluge par les eaux du Tibre, qui descendirent avec une telle violence des monts Apennins que plusieurs maisons en furent renversés. »

De son côté, Jean de Serres, dans l'*Inventaire de l'histoire de France*, décrit dans un langage quelque peu ampoulé les rigueurs de cet hiver. Nous trouverons cités dans cette description quelques faits dont il a été déjà question au début de cet ouvrage. « Le commencement de l'an 1608 fut signalé d'un hiver si grand et qui fit sentir les pointes de sa froidure si rigoureuses, qu'il n'en est parlé de pareilles de mémoire d'homme. Ni les glaces de la Samartie (Russie), ni les âpres gelées des Palus Méotides (mer d'Azof), ne furent jamais plus extrêmes. On trouve Tacite hardi en ses témoignages, comme entre autres où il tient qu'un soldat portant un faix de bois, ses mains se tordirent de froid et se collèrent à sa charge, de sorte qu'elles y demeurèrent attachées et mortes, s'étant départies des bras. Et pourroit-on bien encore trouver le sieur du Bellay aussi hardi, où il récite que durant le voyage de Luxembourg les gelées furent si âpres que le vin de munition se coupoit à coups de hache et de coignée, et se débitoit par poids aux soldats qui l'emportoient dans des paniers. Mais quiconque dira que la froidure de cet hyver a été plus horrible, et qu'il n'y a point d'égalité en ces rigueurs et celles des autres, il dira vérité. La France, assez tempérée d'ailleurs, est néanmoins fameuse des difficultés et des mésaises d'un si grand et si extrême hyver. Celles-cy en sont, que les voyageurs, accueillis d'horribles monceaux de neige, en perdoient la connaissance du pays et des chemins. Et n'eût été trop mal propre à d'aucun, que pour se mettre à couvert et sauver du froid ils se fussent avisés, ainsi que l'armée de Bajazet passant par la Russie, d'éventrer les chevaux et montures pour se jetter dedans et jouir de la chaleur vitale, si les bêtes mêmes n'eussent perdu toute chaleur naturelle qui les pût défendre de la gelée. La disette et la cherté du bois apporta d'autres incommodités à ceux des villes, principalement à la commune de Paris. Ceux qui n'estoient fournis de provisions l'achetoient quatre fois plus que d'ordinaire, et la pluspart même n'en avoient pas pour de l'argent. La cause la plus urgente en fut rapportée tant à la rigueur et âpreté du froid qu'au cours de la Seine et autres rivières arrêtées par la glace. Si fut-elle cette eau affermie d'une telle épaisseur de glace, que les carrosses et chariots tout chargés, le roi même, les seigneurs de sa cour, et plusieurs du menu peuple, y passoient assurément que sur terre ferme. » Nous bornerons là ces citations des hivers anciens, d'autant plus que nous avons déjà eu l'occasion, dans les chapitres précédents, de conter un grand nombre de faits les concernant. Nous tâcherons seulement, pour terminer, de chercher s'il nous serait possible de fixer approximativement le froid de ces hivers, en l'absence de toute donnée thermométrique; de voir s'ils sont plus rigoureux, ou moins rigoureux, que les grands hivers actuels.

Le docteur Fuster nous servira de guide dans cette recherche, car il a indiqué, dans sa remarquable étude *sur les changements dans le climat de la France*, la marche à suivre pour faire cette comparaison. A défaut des indications du thermomètre, qui n'existe que depuis bien peu de temps, comme nous l'avons vu, il se sert des phénomènes naturels relatés dans les divers récits qui viennent de passer sous nos yeux.

La température à laquelle les fleuves commencent à charrier des glaçons est assez constante. Ceux des provinces du nord : la Seine, le Rhin, la Moselle et la Loire, charrient communément au bout de trois ou quatre jours d'un froid de — 7 degrés à — 8 degrés ; ceux des provinces du Midi : la Gironde, la Garonne, le Tarn, le Var, la Durance et le Rhône, charrient, en général, un peu plus tôt que les premiers, et c'est communément après trois ou quatre jours d'un froid de — 5 à — 6 degrés. Ces rapports assez fixes peuvent servir de point de départ pour les degrés inférieurs d'une échelle de nos grands hivers.

On ne peut rien conclure, au contraire, du fait de la congélation complète des fleuves. Nous avons vu, en effet, cette congélation se produire parfois totalement par des températures de — 9 degrés, tandis que d'autres fois elle n'a pas été produite, comme cela eut lieu en 1709, par des froids de — 23 degrés. Nous observons plus de constance dans les rapports thermométriques de la congélation des grands étangs du Languedoc et de la Provence, des côtes et des petits ports de la Méditerranée, des côtes et des petits ports de la Manche. L'expérience des deux hivers de 1709 et de 1789 donne le droit de penser que ces côtes et ces bassins ne gèlent pas en entier, à moins d'un froid continu de — 20 degrés.

Ce phénomène nous permet d'affirmer qu'aucun hiver n'a été, sur les côtes de la Méditerranée, pendant notre siècle, aussi rigoureux que ceux qui virent ces congélations, comme 1638 et 1709.

Les végétaux, depuis ceux du midi les plus susceptibles, tels que dattiers et orangers, jusqu'à nos essences forestières les plus résistantes, peuvent aussi nous donner une échelle de graduation des hivers rigoureux.

Or, tous ces phénomènes se produisent actuellement, comme ils se sont produits aux temps anciens. Nous voyons encore les rivières se geler, les arbres périr, même les plus résistants. Nous devons en conclure que les grands hivers ne sont actuellement ni beaucoup plus froids ni beaucoup plus chauds que les grands hivers anciens, et que, s'il s'est produit dans la suite des siècles des changements dans notre climat, il faut avoir recours, pour les mettre en évidence, à des faits étrangers aux grands hivers.

CHAPITRE II

LE GRAND HIVER DE 1709.

Nous avons été obligés, jusqu'à présent, de passer très rapidement sur les grands hivers. Les renseignements donnés sur eux par les historiens sont généralement fort vagues : ils se contentent d'enregistrer quelques faits, en les exagérant généralement, de telle manière qu'il est absolument impossible d'établir, par une méthode de discussion quelconque, un classement de ces hivers par ordre de rigueur.

A partir de 1709 nous allons marcher plus sûrement. Et d'abord, cet hiver est le premier sur lequel nous possédions quelques renseignements thermométriques. Sans doute ils sont fort incomplets, et, qui plus est, peu précis, mais tels qu'ils sont ils constituent des éléments précieux pour la comparaison.

Mais avant d'entrer dans la discussion du froid thermométrique de cet hiver, donnons une idée de sa rigueur par les récits des contemporains. Comme ils abondent, nous n'aurons qu'à choisir. Nous emprunterons au *Magasin pittoresque* un grand nombre de ces récits. Nous y verrons comme un résumé de tous les hivers rigoureux qui l'ont précédé, comme un tableau général du type des grands hivers. C'est ce qui nous engagera à y insister.

Les mois d'octobre et de novembre 1708 furent doux ; le mois de décembre présenta une température très ordinaire. Janvier débuta comme avait fini décembre, par de la chaleur ; mais, par sauts brusques, du 4 au 13 la température s'abaissa jusqu'à un froid excessif. Avec des alternatives de douceur relative et de gelées plus fortes, l'hiver resta rigoureux jusqu'au milieu du mois de mars.

Ce ne fut pas seulement à Paris que le froid se fit sentir avec cette rigueur, mais bien dans toute l'Europe. L'hiver de 1709 est un de ceux qui se sont étendus sur le plus grand nombre de régions. En France, en Italie, en Espagne, en Allemagne, en Angleterre, en Russie, sur toute l'Europe enfin, il exerça ses ravages. En quelques jours tous les fleuves furent entièrement pris ; il n'y eut pas jusqu'aux eaux de la mer, même sur les côtes méridionales de l'Italie et de la France, qui furent gelées.

La Garonne, ce qui est bien rare, l'Ebre même, furent glacés. La Meuse fut prise, à Namur, à 1^{m}.60 de profondeur. Le 8 avril, la Baltique était encore couverte de glaces, aussi loin que la vue, aidée de lunettes, pouvait s'étendre. Le Rhône fut gelé jusqu'à la hauteur de 12 pieds par les couches de glace qui s'y amassèrent, « et l'étang de Thau, ordinairement fort orageux, et qui communique à la mer par un court et large canal, s'est pris de bout à bout, et plusieurs personnes sont allées des bains de Balaruc et du lieu de Bousigues jusqu'à Cette par-dessus la glace, route inconnue à nos pères, et qui le sera peut-être longtemps à nos neveux. » Enfin la mer se gela au loin à Cette, à Marseille, dans la Manche et dans l'Adriatique.

Nous avons vu que pendant ce grand froid, alors que les mers, les lacs les plus profonds, comme celui de Constance et celui de Zurich, étaient pris à porter des charrettes, la Seine demeura complètement libre à Paris, et le Rhône à Viviers. Nous avons donné l'explication de ce fait qui préoccupa beaucoup les contemporains. Des inondations considérables furent aussi la suite d'un dégel sans exemple : la Loire rompit ses levées, monta à une hauteur telle qu'on ne l'avait pas vue depuis deux siècles, et ensevelit tout sur son parcours.

Les effets du froid extraordinaire de cet hiver sont longuement décrits dans les Mémoires des contemporains.

Gauteron écrivait de Montpellier à l'Académie des sciences : « La nuit du 10 au 11 janvier a été la plus froide qu'on ait jamais sentie dans ce pays-ci : dans les maisons les mieux étoffées on sentait un froid très cuisant, dont on avait peine à se garantir ; et peu de personnes purent dormir d'un bon somme, malgré toutes les précautions qu'elles ont pu prendre pour se mettre à couvert de ce grand froid. »

Un grand nombre de voyageurs périrent de froid par les chemins. Gauteron remarque encore que « le dégel du 23 janvier, comme celui du 25 de février, ont été suivis d'un rhume épidémique, dont presque personne n'a été exempt. Tant de personnes en furent saisies toutes à la fois, qu'on ne peut rapporter cette maladie qu'à une cause générale qui ait agi en même temps sur tous les hommes. »

Et voilà son explication : « Pendant le grand froid le sang retient beaucoup de parties séreuses et lymphatiques qui demeurent enveloppées dans ses parties sulfureuses, et dont il ne peut se débarrasser que par une fonte générale. Cette fonte d'humeurs doit arriver par le dégel. Dans ce temps-là le nitre se divise en petites molécules, une grande quantité de ce sel se mêle brusquement avec le sang, l'anime et le fermente ; il n'en faut pas davantage pour faire séparer tout à coup une grande quantité de lymphe et de sérosité qui se jette sur toutes les glandes du corps et produit le mal de tête, le dégoût, l'enchifrenure, la toux, la crudité et l'abondance des urines, la lassitude qu'on appelle spontanée, et quelquefois un peu de fièvre.

» Ce rhume est, d'après Gauteron, fort différent de celui qui arrive pendant le grand froid : dans celui-ci les humeurs circulent avec peine, et par leur épaississement donnent occasion à quelques parties séreuses de s'en séparer, ce qui produit la roupie et la toux, qui sont souvent accompagnées d'un larmoyement involontaire, parce que les points lacrymaux se trouvent quelquefois bouchés par l'épaississement de la mucosité qui se sépare dans le nez. Aussi doit-on traiter ces rhumes d'une manière bien différente; les rhumes de froid se guérissent plus promptement par le parfum de Rababé que par aucun autre remède, sans doute à cause de la quantité de sel et de soufre volatil que cette résine contient.

» Le vin et l'eau-de-vie brûlés avec du sucre, le thé, le café et le chocolat, conviennent par la même raison, et j'ai guéri plusieurs rhumes cet hiver très violents et très opiniâtres avec des bouillons de poulet, dans lesquels je faisais bouillir pendant un quart d'heure une once de chair de serpent séchée avec une poignée de feuilles de cresson.

» Les rhumes de dégel doivent être traités d'une manière toute différente. Il faut empêcher la trop grande fonte des humeurs par des émulsions cuites, les crèmes de riz, de gruau, d'orge, par l'eau de son, l'eau de rose et le jaune d'œuf avec le sucre candi, par le petit lait et par le lait même. Les narcotiques et la saignée conviennent aux deux espèces de rhume, surtout quand les malades sont fatigués de la toux, et que l'on craint quelque inflammation de poitrine.

» Voilà quelle idée j'ai de la gelée et de ses effets. »

Qui s'étonnerait après cela de voir Molière bafouer les médecins qui ont immédiatement précédé celui-là.

A Paris, le froid fut tel que, tant qu'il dura, le Parlement n'entra pas au palais : le commerce et les travaux furent interrompus; l'Opéra cessa ; la Comédie et les jeux furent fermés. Cependant une note de la main de Réaumur démontre que les savants ne furent pas si délicats : « En 1709, écrit-il, les séances furent tenues pendant la durée du froid, mais le samedi 26 janvier, il n'y eut pas d'assemblée à cause d'un grand dégel. »

Les animaux ne furent pas plus épargnés que les hommes. Plusieurs espèces de petits oiseaux et d'insectes furent presque anéantis en Angleterre et dans le nord du continent. Derham compte jusqu'à vingt espèces d'oiseaux de la zone glaciale qui furent vus et tués sur les côtes d'Angleterre. Le bétail périt dans plusieurs provinces. Mais ce furent surtout les végétaux qui eurent à souffrir.

Faisons à ce sujet quelques emprunts aux Mémoires de Jamerai Duval, ce gardeur de dindons qui devait devenir un savant. Chassé de chez ses maîtres, il allait à l'aventure, dans une misère profonde. Pris par la petite vérole, il est recueilli près de Provins par un pauvre paysan qui le met dans une étable à brebis, dans un trou sous le fumier. La misère de ce pauvre homme était telle que Duval écrit : « Les seuls aliments que l'on fut en état de me fournir, consistèrent en un peu de soupe maigre et quelques morceaux de pain bis que la gelée avait tellement durci, qu'on avoit été obligé de le couper à coups de hache, de façon que, nonobstant la faim qui me pressait, j'étais réduit à le sucer. »

Puis il ajoute : « Pendant que j'étois comme inhumé dans l'infection et la pourriture, l'hiver continuoit à désoler la campagne par les plus terribles dévastations. Derrière la bergerie, il y avoit plusieurs touffes de noyers et de chênes fort élevés qui étendoient leurs branches sur le toit qui me couvroit. Je passois peu de nuits sans être éveillé par des bruits subits et impétueux, pareils à ceux du tonnerre ou de l'artillerie; et quand, au matin, je m'informais de la cause d'un tel fracas, on m'apprenoit que l'âpreté de la gelée avoit été si véhémente, que des pierres d'une grosseur énorme en avoient été brisées en pièces, et que plusieurs chênes, noyers et autres arbres, s'étoient éclatés et fendus jusqu'aux racines. Enfin, tout ce que la terre produit pour l'aliment de l'homme, sans même en excepter les arbres fruitiers de la plus solide consistance, avoit été détruit par la force et la pénétrante activité de la gelée, »

A Montpellier, les oliviers et les orangers perdirent leurs feuilles et leurs branches : la plus grande partie de ces arbres moururent jusqu'à la racine, et, « ce qu'on n'avoit jamait vu dans ce pays-ci, dit Gauteron, les lauriers, les figuiers, les grenadiers, les jasmins, les yeuses et quelques chênes même, ont eu le même sort. »

Dans toute la France, beaucoup d'arbres forestiers furent gelés jusqu'à l'aubier, et vingt ou trente ans plus tard on retrouvait, dans la coupe d'un vieux tronc, la marque de la cicatrice de 1709. Les lauriers, les cyprès, les chênes verts, les oliviers, châtaigniers, les noyers les plus vieux et les plus forts, moururent en grand nombre. Ecoutons Réaumur, qui nous explique la cause principale des dégâts :

« Le premier dégel vint le 26 janvier, mais le froid reprit peu de jours après. Ce fut cette reprise qui fit tout le mal, parce que, l'eau n'ayant pas eu le temps de s'emboire dans la terre, ni de se sécher sur les arbres, la gelée forte et subite qui revint saisit et coupa toutes les racines du blé, et détruisit l'organisation même dans les arbres délicats. »

Les blés auraient été en partie protégés par la neige, sans un grand vent qui causa bien du mal. Voici ce que consigne à ce sujet, dans le registre de sa paroisse, le curé de Feings, près de Mortagne : « Le lundi 7 janvier commença une gelée, qui fut ce jour-là la plus rude et la plus difficile à souffrir : elle dura jusqu'au 3 ou 4 février. Pendant ce temps-là, il vint de la neige d'environ demi-pied de haut : cette neige étoit fort fine, elle se fondoit difficilement. Quelques jours après qu'elle fut tombée, il fit un vent fort froid entre bise et galerne (vent du nord-ouest) qui la ramassa dans les lieux bas ; il découvrit les blés, qui gelèrent presque tous. »

La vigne disparut dans plusieurs parties de la France ; les jardins et les vergers furent dépouillés de leurs arbres fruitiers. Beaucoup de pommiers parurent n'être pas morts ; ils poussèrent des feuilles et des fleurs et moururent ensuite ; d'autres succombèrent l'année suivante. La destruction des blés surtout causa une calamité publique.

La famine fut si grande que de mémoire d'homme on n'en

avait vu de pareille. Au palais de Versailles même on ne mangea plus que du pain bis, et Mme de Maintenon se mit au pain d'avoine. Que l'on se figure la misère du peuple, quand les grands, à la cour, étaient réduits à cette extrémité. Ce fut cette année que Louis XIV vendit pour quatre cent mille francs de vaisselle d'argent à la Monnaie. Le désastre fut tel que les blés manquèrent universellement par toute la France. En Normandie, dans le Perche et sur les côtes de Bretagne, on récolta de quoi faire la semence. « Du blé de 1709, écrit un contemporain, il n'en sera point du tout mangé. » Aussi, le prix du pain s'élève rapidement à des hauteurs inconnues : à Chartres, le pain se vend, le 15 juin 1709, au prix de 35 sous les neuf livres, au lieu de 7 à 8 sous, prix ordinaire.

Par bonheur, quelques agriculteurs avisés promenèrent la charrue sur leurs champs ensemencés en blé pour y mettre, malgré les prescriptions de la police, l'orge qui servit à faire le pain nommé de disette.

La famine devint telle qu'au mois d'avril il parut un arrêt du Conseil qui ordonnait à tous les citoyens, sans distinction, ainsi qu'aux communautés, de déclarer exactement leurs approvisionnements en grains et denrées, sous peine de galère et même de mort.

On fit en divers endroits de Paris, et notamment au Louvre, des distributions de pain. Une estampe du temps porte pour devise : « Distribution du pain du roi au Louvre. » Au-dessous sont gravés les quatre mauvais vers suivants :

> Chacun accourt au pain : c'est à qui en aura.
> O Dieu! la foule est si grande qu'on *si* tue :
> La livre est à deux sous; pour l'avoir il faudra
> *Risqué* d'être étouffé, si cela continue.

Le peuple fut réduit à se nourrir d'animaux immondes et d'herbes d'habitude réservées aux animaux.

Écoutons de nouveau Jamerai Duval, qui, remis de sa petite

vérole, marchait toujours à l'aventure, cherchant des climats plus cléments. Il arrive au printemps en Champagne : « L'indigence et la faim avoient établi leur séjour dans ces tristes lieux. Les maisons couvertes de chaume et de roseaux s'abais-

Les haillons dont ils étaient couverts...

soient jusqu'à terre et ressembloient à des glacières. Un enduit d'argile broyée avec un peu de paille étoit le seul obstacle qui en défendit l'entrée. Quant aux habitants, leur figure cadroit à merveille avec la pauvreté de leurs cabanes. Les haillons dont ils étoient couverts, la pâleur de leur visage, leurs yeux livides et abattus, leur maintien languissant, morne et engourdi, la nudité et la maigreur de quantité d'enfants que la faim desséchoit, et que je voyois dispersés parmi les haies et les buissons pour y chercher certaines racines qu'ils dévoroient avec avidité : tous ces affreux symptômes d'une calamité publique m'épouvantèrent et me causèrent une extrême aversion pour cette sinistre contrée. Je la traversai le plus rapidement qu'il me fut possible, n'ayant pour tout aliment que des herbes et un peu de pain de chènevis que j'achetois, et que j'avois même beaucoup de peine à trouver. Cette nourriture brûlante et corrosive, destinée seulement à repaître les plus vils animaux, émoussa mes forces, altéra la bonté de mon tempérament, et me causa des infirmités dont j'ai longtemps ressenti les tristes effets. »

Une telle misère suscita la pitié publique, et des comités de charité se formèrent, à Paris, pour secourir autant que possible les plus malheureux. Les détails qui suivent sont extraits d'un placard imprimé à Paris, par les soins d'un comité de charité, sous le titre de *Nouvel advis important sur les misères du temps*. Tout ce qui est rapporté dans ce placard est déclaré très véritable, étant écrit par témoins oculaires, gens de bien et de capacité, et très dignes de foi, qui en ont donné des témoignages authentiques et dont on garde les originaux.

Voilà quelques extraits de ce placard : « De Romorantin, du 18 avril, on mande qu'outre mille pauvres qui y sont déjà morts de misère, il s'y en trouve encore près de deux mille autres qui languissent et qui sont aux abois ; la plupart n'ayant rien que leurs métiers, dont ils ne travaillent plus, personne ne les occupant.

» A Onzain, près Blois, un vertueux ecclésiastique prêcha à quatre ou cinq cents squelettes, des gens qui, ne mangeant plus que des chardons crus, des limaces, des charognes et d'autres ordures, sont plus semblables à des morts qu'à des vivants. La misère passe tout ce que l'on en écrit, et, sans un prompt remède, il faut qu'il meure dans le Blésois plus de 20 000 pauvres.

« Sans parler d'Illiers et des environs de Chartres, où il est déjà mort plus de trois cents personnes de faim, du Vendômois, on écrit de Montoire, du mois d'avril, qu'outre les extrémités qu'on souffre là comme ailleurs, le désespoir a rendu le brigandage si commun que personne ne s'en croit à couvert; que, depuis peu, huit hommes ont massacré une femme pour avoir un pain qu'elle portoit, et qu'un homme, pour défendre le sien, en a tué un autre qui venoit le lui prendre, et que, sur les grands chemins, il y a des gens masqués qui volent; il est commun, dans tout ce pays-là, de faire du pain de fougère toute seule, concassée, avec la septième partie de son, et du potage avec le gui des arbres et des orties.

» Dans la plupart des villes et des villages de la Beauce, du Blésois, de la Touraine... on meurt à tas; on les trouve morts ou mourants dans les jardins et sur les chemins. Dans les faubourgs de Vendôme, on voit des gens couchés par terre qui expirent ainsi sur le pavé, n'ayant pas même de la paille pour mettre sous leur tête, ni un morceau de pain.

» En plusieurs endroits, lorsque les chiens trouvent quelque chose de mangeable, les pauvres se jettent dessus pour le leur arracher; ceux qui achètent du blé sont obligés de s'armer, de peur d'être volés.

» A Amboise, les misères sont à tel excès, qu'on y a vu plusieurs hommes et femmes se jeter sur un cheval écorché, en tirer chacun leur morceau et n'y laisser rien de reste; qu'il s'est trouvé une fille orpheline morte de faim après s'être mangé une main, et un enfant ses doigts.

» Il y a des lieux où, de quatre cents feux, il ne reste que trois personnes. Le 10 mai, un enfant pressé par la faim, arracha et coupa avec les dents un doigt à son frère, qu'il avala, n'ayant pu lui arracher une limace qu'il avoit avalée. Il s'en trouve de si foibles que les chiens les ont en partie mangés : à Beaumont-la-Ronce, le mari et la femme étant couchés sur la paille et réduits à l'extrémité, la femme ne put empêcher les chiens de manger le visage à son mari, qui venoit d'expirer à son côté, tant elle étoit débile. »

A la fin du dix-huitième siècle, Roucher, dans son poëme sur *les Mois*, prend l'hiver de 1709 comme type, et en fait la peinture suivante :

Vieillards dont l'œil a vu ce siècle à son aurore,
Nestors français, sans doute il vous souvient encore
De ce neuvième hiver, de cet hiver affreux,
Qui fit à votre enfance un sort plus désastreux.
Janus avait ouvert les portes de l'année,
Et tandis que la France, aux autels prosternée,
Solennisait le jour où l'on vit autrefois
Le berceau de son Dieu révéré par des rois,
Tout à coup l'aquilon frappe de la gelée
L'eau qui, des cieux naguère à grands flots écoulée,
Écumait et nageait sur la face des champs;
C'est une mer de glace, et ses angles tranchants,
Atteignant les forêts jusques à leurs racines,
Rivaux des feux du ciel, les couvrent de ruines;
Le chêne des ravins tant de fois triomphant,
Le chêne vigoureux crie, éclate, et se fend.
Ce roi de la forêt meurt. Avec lui, sans nombre,
Expirent les sujets que protégeait son ombre.
. . . .
Brillante Occitanie, hélas ! encor tes rives
Pleurent l'honneur perdu de tes rameaux d'olives !
L'hiver s'irrite encor; sa farouche âpreté
Et du marbre et du roc brise la dureté :
Ouverts à longs éclats, ils quittent les montagnes,
Et, fracassés, rompus, roulent dans les campagnes.
L'oiseau meurt dans les airs, le cerf dans les forêts,
L'innocente perdrix au milieu des guérets;
Et la chèvre et l'agneau, qu'un même toit rassemble,
Bêlant plaintivement, y périssent ensemble;
Le taureau, le coursier, expirent sans secours;
Les fleuves, dont la glace a suspendu le cours,

La Dordogne et la Loire, et la Seine et le Rhône,
Et le Rhin si rapide, et la vaste Garonne,
Redemandent en vain les enfants de leurs eaux.
L'homme faible et percé jusqu'au fond de ses os,
Près d'un foyer ardent, croit tromper la froidure.
Hélas! rien n'adoucit les tourments qu'il endure.
L'impitoyable hiver le suit sous ses lambris,
L'attaque à ses foyers, d'arbres entiers nourris,
Le surprend dans sa couche, à ses côtés se place,
L'assiège de frissons, le raidit et le glace.
Le règne du travail alors fut suspendu,
Alors dans les cités ne fut plus entendu
Ni le bruit du marteau, ni les cris de la scie;
Les chars ne roulent plus sur la terre durcie;
Partout un long silence, image de la mort.
Thémis laisse tomber son glaive, et le remord
Venge seul la vertu de l'audace du crime.
Tout le courroux des dieux vainement nous opprime,
Les temples sont déserts; ou si quelques mortels
Demandent que le vin coule encore aux autels,
Le vin, sous l'œil des dieux que le prêtre réclame,
S'épaissit et se glace à côté de la flamme.
. . . .

Tâchons maintenant de rechercher quelles furent les températures de cet hiver mémorable, et s'il fut en réalité plus rigoureux que les hivers qui l'ont précédé et qui devaient le suivre.

En 1709, on faisait déjà depuis assez longtemps des observations thermométriques. L'invention du thermomètre remonte vraisemblablement à l'année 1625. A cette époque, en effet, Sanctorius, médecin d'Italie célèbre par ses écrits, né à Capo d'Istria, en 1561, « s'avisa de faire une machine appelée *thermomètre*, pour connoître les différents degrés de chaleur de ceux qui avoient la fièvre, sans faire attention, suivant toutes les apparences, que la même machine pouvoit lui montrer les changements qui arriveroient à l'air qui peut augmenter de volume par les différentes chaleurs, et qu'elle seroit fort curieuse et plus utile au public par la connoissance qu'elle lui donneroit des températures de l'air que par l'application qu'il en vouloit faire à la médecine. »

Quoi qu'il en soit de la date précise de l'invention du thermomètre, ses observations régulières faites à l'Observatoire de Paris remontent à l'année 1666. En 1709, les observations étaient faites depuis déjà trente ans par de la Hire : « Mon thermomètre, dit-il, est placé dans la tour orientale de l'Observatoire, laquelle est découverte ; en sorte qu'il est à l'abri du vent, et que le soleil ne donne jamais sur la boule ni sur le tuyau. Toutes les observations sont faites un peu avant le lever du soleil, qui est le moment où la température est ordinairement le plus bas. »

Ce thermomètre n'était donc pas placé dans des conditions convenables, et quoique la tour fût découverte, il y faisait certainement une température supérieure pendant les froids à la température extérieure. De plus, le thermomètre de de la Hire n'était pas gradué au moyen d'une règle bien déterminée, comme cela se fait de nos jours. Or, ce thermomètre a été détruit vers la fin du dix-huitième siècle, et on n'a pas une correspondance exacte de ses températures avec celles du thermomètre centigrade. Aussi tous les savants se préoccupèrent-ils, pendant toute la durée du dix-huitième siècle, de ramener les températures de 1709, au moyen de comparaisons approximatives, aux échelles connues. Grâce aux travaux de Réaumur, de Meissier, de Lavoisier, de Van-Swinden, de M. Renou, on a pu établir à peu près cette correspondance. Malheureusement, elle ne s'étend que sur quelques observations. Il ne reste, en effet, des notes de l'époque, que les deux fragments que nous allons citer, l'un de de la Hire lui-même, l'autre écrit un peu plus tard par Réaumur.

De la Hire écrit : « Le froid du commencement de cette année a été excessif avec beaucoup de neige ; car mon thermomètre est descendu jusqu'à 5 parties, le 13 et le 14 janvier; et, les jours suivants, étant un peu remonté, il revint à 6 parties le 20, et le 21 à 5 3/4; mais ensuite le froid diminua peu à peu. Ce grand froid a été fort sensible; car, le 4 de ce mois de janvier, le thermomètre était à 42 parties, qui est un état fort proche du moyen, que j'ai déterminé à 48; le 6, il vint à 30; le 7, à 22; le 10, à 9; et enfin, le 13, à 5. C'est sans doute ce changement subit qui a paru si extraordinaire. Ce thermomètre n'était encore jamais descendu si bas.

» En 1695 il n'avait pas été si bas, et cependant le froid de cet hiver a été regardé comme un des plus grands qu'il ait fait il y a longtemps. L'hiver de cette année a duré fort longtemps, car le 13 mars il gelait encore très fort, le thermomètre était à 24 parties, et la gelée commence quand il est à 32. »

Voilà, d'autre part, les renseignements donnés par Réaumur, qui sont, au moins quant aux nombres, copiés sur la note de de la Hire : « Le froid commença presque subitement le 5 janvier au soir, jour auquel il avait plu une grande partie de la journée, et où le thermomètre était à 42, très proche du tempéré fixé à 48. Le 13 et le 14 janvier furent les plus froids. Le thermomètre descendit à 5 parties le 13 et le 14 janvier. Le froid vint sans vent considérable. Le vent était très faible, et, ce qui est à remarquer, au sud ; et lorsque le vent augmentait et tournait vers le nord, le froid diminuait. »

De la Hire ajoute que le froid de 1709 a dû être plus violent que celui de 1608, appelé cependant grand hiver. Réaumur, Lavoisier, affirment que le froid de 1709 est le plus grand froid qu'on ait éprouvé de mémoire d'homme en France.

Il semble donc certain qu'il faut remonter au moins au quinzième siècle pour trouver un hiver comparable à celui de 1709, et même aucun document précis ne nous autorise à affirmer qu'il y ait jamais eu en France, avant 1709, un hiver aussi froid.

Les travaux des savants que nous avons cités, pour ramener les nombres de de la Hire à des échelles connues, ont conduit à des résultats quelque peu contradictoires. Mais on peut affirmer que ces températures, exprimées en degrés centigrades, ont été certainement moins froides que celles données par les nombres suivants :

29 octobre 1708.	— 1°.5
12 décembre.	— 5 .2
4 janvier 1709.	+ 7 .5
6 janvier.	— 1 .4
7 janvier.	— 7 .6
10 janvier	—18 .0
13 janvier	—23 .1
14 janvier	—21 .3
20 janvier	—20 .4
21 janvier	—20 .6
13 mars	— 5 .6

Nous savons, d'après la lettre de Réaumur, citée à propos de l'effet sur les végétaux, que le froid ne dura pas sans interruption du 5 janvier au 13 mars, puisqu'il y eut à la fin de anvier un dégel complet. A cette époque les observations thermométriques commençaient déjà à se répandre quelque peu, et l'on a sur les froids de divers points de l'Europe quelques renseignements.

A Montpellier, le froid le plus vit eut lieu le 11 janvier; il fut de —16°.1. A Marseille, on observa —17°.5.

Le froid qu'on éprouva dans la Hollande, en Angleterre et en Prusse, fut moindre qu'à Paris. Il commença à geler, dans les environs de Londres, le jour de Noël, et la gelée dura jusqu'à la fin de mars ; le plus grand froid observé fut le 14 janvier, de —17°.3 au collège de Gresham. A Berlin, les 9 et 10 janvier, on eut —16°.6. A Namur on eut —19°.1

Remarquons, dès maintenant, que ces froids sont bien moins intenses que ceux observés en France pendant le mois de décembre 1879.

CHAPITRE III

LES HIVERS DE 1709 A 1830.

Dans la période de cent vingt ans qui s'écoule entre les deux grands hivers de 1709 et de 1830, il y eut un grand nombre d'hivers rigoureux. Arago en compte quarante-cinq, Fuster trente seulement. En somme, il n'y en eut pas plus de trois ou quatre qui furent réellement extraordinaires. Quelques-uns même, et notamment celui de 1740 et celui de 1776, ont été peut-être aussi rigoureux que celui de 1830. Nous y insisterons cependant beaucoup moins, car nous n'aurions qu'à répéter pour eux, en les atténuant, les récits que nous venons de faire. Nous nous contenterons de citer les faits saillants de quelques-uns de ces hivers.

« Le nom d'année du grand hiver est devenu propre à 1709, écrivait Réaumur dans les Mémoires de l'Académie des sciences; celui de long hiver est dû à aussi bon titre à 1740 : quoique le froid ait été assez vif à Paris dans cette dernière année, il n'a pas été aussi considérable qu'en 1709; mais il a duré plus longtemps. »

En effet, le froid le plus vif se fit presque constamment sentir pendant les mois de janvier, de février et les neuf premiers jours du mois de mars. La température s'éleva fort peu le reste de ce mois et durant le mois d'avril; elle ne monta réellement à sa hauteur normale que le 23 mai. La Seine fut gelée dans toute sa longueur. Montpellier ne ressentit nullement le rigoureux hiver de cette année. Les observations du président Bon ont établi que l'hiver y avait été plus doux que le printemps à Paris.

Les végétaux n'eurent pas autant à souffrir qu'en 1709, mais la longue durée du froid eut des conséquences funestes sur la santé publique : la mortalité fut énorme à la suite de cette saison calamiteuse. Le mémoire de Réaumur, dont nous donnons plus loin des extraits, le montrera.

Les hirondelles, venues au commencement d'avril, moururent d'inanition, par suite du retard apporté par la durée de l'hiver à l'éclosion des nymphes des petits insectes dont elles se nourrissent en volant. Elles tombaient à toute heure dans les rues, dans les cours, dans les jardin.

« Dans cette saison, le peuple de Londres construisit sur la glace une cuisine spacieuse, dans laquelle on fit rôtir un bœuf entier. A Saint-Pétersbourg, on construisit un palais de glace, au-dessus duquel étaient six canons, également de glace, chargés chacun d'un quartaut de poudre et d'un boulet. On les tira sans faire éclater la glace. Comme en 1709, le dégel fut accompagné d'inondations désastreuses ; le pont de Rouen fut emporté par les glaces. »

Quelques extraits d'un mémoire de Réaumur nous donneront sur cet hiver des notions précises : « L'année 1740 peut être mise au nombre de celles où la mortalité a été la plus grande, au printemps, dans le royaume. Dans la plupart de ses provinces, les campagnes ont perdu un nombre prodigieux d'habitants ; je connais des villages du Poitou à qui la moitié des leurs a été enlevée. »

Les blés n'eurent pas à souffrir des froids de l'hiver, et, en juin, ils avaient une magnifique apparence ; mais le froid relatif de juillet et les pluies continuelles d'août anéantirent presque complètement la récolte. La vigne, qui, elle aussi, avait d'abord été très belle, trompa les espérances, et en beaucoup de localités on ne vendangea même pas, le fruit n'ayant pu mûrir. Dans certains pays du Nord, le froid de 1740 fut plus vif que celui de 1709.

« M. Celsius a rassemblé un grand nombre de faits qui concourent à prouver que le froid de 1740 fut excessif en Suède. Les hommes qui s'étaient trouvés exposés à l'air sans s'être assez vêtus moururent de froid. Le froid fit périr dans les forêts une très grande quantité d'animaux. Toute l'eau des petits lacs et peu profonds devint une pièce de glace. Vers la fin de février, dans le milieu du lac Ekoln, qui est une partie considérable du lac Meler, la glace avait d'épaisseur vingt-huit de nos pouces de Paris et trente-quatre pouces à quelque distance du rivage. La mer qui est entre la Suède et la Finlande fut assez gelée pour que le messager pût passer dessus. »

L'hiver de 1776 n'a été surpassé que par celui de 1709. Mais ce froid de 1776 a procédé fort inégalement. Sa violence dans le nord le place au rang des plus rudes. Il a été moins vif en général dans les provinces du centre et du midi ; on l'a très peu senti dans quelques-unes, et il a même été nul sur d'autres points. Les fortes gelées firent périr beaucoup de monde sur les grandes routes, à la campagne et jusque dans les rues. Beaucoup de rivières gelèrent ; sur les côtes maritimes les glaces eurent jusqu'à 3m.40 d'épaisseur. « L'embouchure de la Seine, sur une largeur de plus de 8 000 mètres, se montra, le 29 janvier et les jours suivants, toute couverte de glace, ainsi que cette partie de la mer comprise entre la baie de Caen et le cap de la Hève, en sorte que du Havre la mer paraissait couverte de glace jusqu'à l'horizon. Cette glace était rompue par le flux et le reflux, ce qui donnait à notre mer l'apparence de la Baltique. »

Le grand froid de cet hiver attira beaucoup l'attention des savants. Meissier, Lavoisier, notamment, firent des travaux importants, principalement dans le but de le comparer à l'hiver de 1709. Le public lui-même ne resta pas indifférent; voilà ce que nous dit Meissier à ce sujet : « Le grand froid intéressait généralement les habitants de la capitale. Les matins, un grand nombre de personnes se rendaient chez moi pour avoir le degré de froid, et je fus obligé de mettre chez le

Une scène de l'hiver de 1776.

portier de l'hôtel de Cluny un bulletin qui contenait le degré de froid observé ; on y venait en foule pour le copier et le répandre ensuite dans la capitale. »

Le long mémoire que Meissier consacre à cet hiver renferme des faits pleins d'intérêt.

Il remarque que, à cause de l'abondance de la neige, il y eut un grand nombre d'accidents dans les rues de Paris. La consommation du bois, ainsi que celle du charbon, fut considérable. Les pendules s'arrêtèrent dans les appartements à feu. Plusieurs cloches se cassèrent en sonnant : celle du collège de Cluny, place de la Sorbonne, fut du nombre.

Le fait suivant est assez rare pour être cité : « La fenêtre de ma cuisine, dit Meissier, qui donnait au levant, et qui avait été fermée pendant le temps des grands froids, ayant été ouverte le 3 février vers midi (au moment du dégel, par une grande élévation de température), la communication de l'air extérieur avec celui de ma cuisine produisit au moment même une détente des parties de toute la vaisselle de faïence, avec un bruit assez fort pour craindre qu'elle ne se cassât. Deux gobelets de verre, vides et sans être couverts, se cassèrent ; le bruit fut considérable au moment de l'explosion. »

Adanson dressa une liste des plantes qui furent tuées par cet hiver, et de celles qui résistèrent. Il montre le rôle protecteur de la neige, qui avait quatre pouces d'épaisseur. Il ajoute : « Le peuple a beaucoup souffert; on amenait tous les jours à Paris plusieurs hommes et femmes trouvés morts de froid et gelés à la campagne : il est constant aussi que plusieurs personnes aisées, obligées de voyager, allant de Paris à Versailles dans leurs équipages, ont essuyé une maladie très sérieuse par l'effet du froid. » Le courrier de Paris pour la Picardie fut trouvé gelé dans sa voiture, lorsqu'il arriva à Clermont en Beauvoisis. « Les mendiants qui couchent dans les granges, dit Duhamel, eurent les pieds gelés; d'autres ont péri le long des chemins; on en a même trouvé de morts dans les maisons. Beaucoup de vieillards ont été frappés de mort subite. »

Le gibier eût beaucoup à souffrir. On vit des volées de perdrix s'abattre aux Tuileries. Au mois de mai, on trouva dans l'emplacement clos où l'on construisit la Comédie française, un lièvre qui s'y était réfugié pendant l'hiver.

Louis XVI fit supprimer les sentinelles du château de Versailles : il en fit ouvrir toutes les cuisines aux pauvres. Touché du triste sort de ces pauvres malheureux, il leur fit distribuer plusieurs charrettes de bois. Voyant un jour passer une file de ces voitures, tandis que beaucoup de seigneurs se préparaient à se faire traîner rapidement sur la glace, il leur dit : « Messieurs, voici mes traîneaux. »

C'est la reine Marie-Antoinette qui avait mis les traîneaux à la mode. Mme Campan nous l'indique en ses Mémoires, dans les termes suivants : « L'hiver 1776 fut très froid. La reine eut le désir de faire des parties de traîneau. Cet amusement avait déjà eu lieu à la cour de France ; on en eut la preuve en retrouvant, dans le dépôt des écuries, des traîneaux qui avaient servi au Dauphin, père de Louis XVI, dans sa jeunesse. On en fit construire quelques-uns d'un goût plus moderne pour la reine. Les princes en commandèrent de leur côté, et en peu de jours il y en eut un assez grand nombre. Ils étaient conduits par les princes et les seigneurs de la cour. Le bruit des sonnettes et des grelots dont les harnais des chevaux étaient garnis, l'élégance et la blancheur de leurs panaches, la variété des formes de ces espèces de voitures, l'or dont elles étaient toutes rehaussées, rendaient ces parties agréables à l'œil... Mais cette mode, qui tient aux usages des cours du Nord, n'eut aucun succès auprès des Parisiens. La reine en fut informée ; et quoique tous les traîneaux eussent été conservés, et que depuis cette époque il y ait eu plusieurs hivers favorables à ce genre d'amusement, elle ne voulut plus s'y livrer. »

Et, en effet, quelques années plus tard, en 1783-1784, un nouvel hiver très rigoureux se produisit. La température descendit à Paris jusqu'à 19 degrés au-dessous de zéro. Comme en 1709, il y eut nombre d'accidents de personnes, des gens dévorés par les loups, la circulation interrompue par les neiges, une misère extrême; « on manquait de tout, de pain, de bois et d'argent. »

Les inondations dues au dégel occasionnèrent de grands désastres : des ponts rompus, des villages entiers presque détruits, des habitants emportés avec leurs meubles. Sur l'ordre du roi Louis XVI on alluma des feux publics dans les rues pour chauffer les pauvres gens. Le peuple reconnaissant éleva une statue de neige au roi, à la barrière des Sergents; elle resta là plusieurs semaines sans fondre.

Cet hiver de 1783 à 1784 se renferma presque exclusivement dans la zone du nord. On le trouve mentionné comme l'un des plus rudes à Paris par le Gentil et le P. Cotte, tandis qu'il n'en est nullement question dans les observations météorologiques de Bordeaux, de Marseille, de Montpellier, ni généralement de la région des oliviers.

L'hiver de 1788-1789 a été long et rigoureux sur toute l'Europe. Il présenta à Paris 86 jours de gelée, dont 56 presque consécutifs, nombres qui ne se sont pas rencontrés depuis. Les mois de novembre, décembre, janvier, mars, furent très rigoureux ; celui de février, au contraire, fut très doux, avec seulement deux jours de gelée. Les caractères furent ceux de tous les grands hivers précédents. Nous y voyons de grandes neiges, presque toutes les rivières arrêtées, des voyageurs mourant de froid, les végétaux très éprouvés. Cet hiver gela nos ports de mer et la mer sur nos côtes; la masse des glaces intercepta la communication de Calais à Douvres, couvrit la Manche à deux lieues au large, obstrua les ports de ces parages et emprisonna les navires. A Marseille, les bord du bassin furent couverts de glace. Dans le pays toulousain, le pain gela dans presque tous les ménages : on ne pouvait le couper qu'après l'avoir exposé au feu. Les débâcles furent désastreuses. Citons-en une seule : « Dans une sinuosité du lit de la Loire, dit un rapport adressé au directeur général des ponts et chaussées, la glace s'est amoncelée et a formé une digue qui a obstaclé et barré le courant presque en entier. Les eaux se sont élevées de manière à excéder la hauteur des levées, et elles se sont précipitées à torrents sur le terrain bas qui se trouvait derrière. La levée, en cet endroit, a bientôt été dégradée et emportée par la violence du courant, et il s'est fait deux brèches voisines l'une de l'autre. C'est par cette rupture, qui se trouve précisément dans la direction du courant de la rivière, que passe depuis cinq jours l'énorme quantité de glace dont elle était couverte dans sa partie supérieure. » Tout le Val, près d'Orléans, fut inondé et dévasté par suite de cette rupture des digues.

Cependant cet hiver n'amena pas de famine. Les blés, protégés par la neige, apparurent très verts au dégel, plus épais même qu'à l'ordinaire, parce qu'ils avaient été purgés des mauvaises herbes qui les étouffent après les hivers doux. L'année fut assez abondante, et cependant la misère du peuple fut grande pendant l'année 1789 ; mais la faute n'en était pas à la rigueur de la saison.

L'hiver de 1794-1795, moins rigoureux en somme, mérite de nous retenir à cause de son intérêt historique. On y observa un des plus grands froids qui aient jamais été observés à Paris, — 23°.5, mais il n'y eut que 64 jours de gelée. C'est grâce à la rigueur exceptionnelle de cet hiver que Pichegru put, presque sans combattre, conquérir la Hollande. Toutes les rivières étaient prises, et l'armée ne rencontrait dans sa marche aucun obstacle. Bientôt l'armée française entrait dans Amsterdam. « Les soldats français donnèrent dans cette occasion le plus bel exemple d'ordre et de discipline. Privés de vivres et de vêtements, exposés à la glace et à la neige, au milieu de l'une des plus riches capitales de l'Europe, ils attendirent pendant plusieurs heures, autour de leurs armes rangées en faisceaux, que les magistrats eussent pourvu à leurs besoins et à leurs logements. » — « Le merveilleux lui-même, dit M. Thiers, vint s'ajouter à cette opération de guerre déjà si extraordinaire. Une partie de la flotte hollandaise mouillait près du Texel. Pichegru, qui ne voulait pas qu'elle eût le temps de se détacher des glaces et de faire voile vers l'Angleterre, envoya des divisions de cavalerie et plusieurs batteries d'artillerie légère vers la Nord-Hollande. Le Zuyderzée était gelé ; nos escadrons traversèrent au galop ces plaines de glace, et l'on vit des hussards et des artilleurs à cheval sommer comme une place forte ces vaisseaux devenus immobiles. Les vaisseaux hollandais se rendirent à ces assaillants d'une espèce si nouvelle. »

Bientôt la conquête fut complète, conquête due à l'admirable constance des soldats, à leur force de résistance, à la saison, beaucoup plus qu'à l'habileté des généraux.

C'est aussi pour des faits de guerre que l'hiver 1812-1813 restera à jamais mémorable. Il ne présenta pas, en effet, en France, de rigueurs bien extraordinaires, et même sa température minima à Paris, — 10°.6, est observée au moins une année sur deux ; mais en Russie, là où se trouvait l'immense armée qui était forcée de quitter Moscou, il était précoce et très rigoureux. Dès le commencement de novembre, le froid devint intense, et le 23, jour de l'évacuation complète de Moscou, la neige tombait déjà depuis plus d'un mois, et la température était inférieure à — 25 degrés. Les rivières étaient toutes gelées de manière à porter l'artillerie.

Ce sont d'abord les neiges qui s'opposent à la retraite : « Pendant que le soldat s'efforce, dit M. de Ségur dans son *Histoire de la campagne de Russie*, pour se faire jour au travers de ces tourbillons de vent et de frimas, les flocons de neige, poussés par la tempête, s'amoncellent et s'arrêtent dans toutes les cavités; leur surface cache des profondeurs inconnues qui s'ouvrent profondément sous nos pas. Là, le soldat s'engouffre, et les plus faibles, s'abandonnant, y restent ensevelis. Ceux qui suivent se détournent, mais la tourmente leur fouette au visage la neige du ciel et celle qu'elle enlève de la terre; elle semble vouloir avec acharnement s'opposer à leur marche. L'hiver moscovite, sous cette nouvelle forme, les attaque de toutes parts : il pénètre au travers de leurs légers vêtements et de leurs chaussures déchirées. Leurs habits mouillés se gèlent sur eux; cette enveloppe de glace saisit leur corps et raidit tous leurs membres. Un vent aigu et violent coupe leur respiration; il s'en empare au moment où ils l'exhalent et en forment des glaçons qui pendent à leur barbe autour de leur bouche. Les malheureux se traînent encore en grelottant jusqu'à ce que la neige qui s'attache sous leurs pieds en forme de pierre, quelque débris, une branche, ou le corps de leurs compagnons, les fasse trébucher et tomber. Là, ils gémissent en vain; bientôt la neige les couvre; de légères éminences les font reconnaître : voilà leur sépulture! La route est toute parsemée de ces ondulations comme un champ funéraire. Les plus intrépides ou les plus indifférents s'affectent : ils passent rapidement en détournant leurs regards. Mais devant eux, autour d'eux, tout est neige; leur vue se perd dans cette immense et triste uniformité, l'imagination s'étonne : c'est comme un grand linceul dont la nature enveloppe l'armée. Les seuls objets qui s'en détachent, ce sont de sombres sapins, des arbres de tombeau avec leur funèbre verdure, et la gigantesque immobilité de leurs noires tiges, et leur grande tristesse qui complète cet aspect désolé d'un deuil général, d'une nature sauvage et d'une armée mourante au milieu d'une nature morte. Tout, jusqu'à leurs armes encore offensives à Malo-Iaroslawitz, mais depuis seulement défensives, se tourna alors contre eux-mêmes. Elles parurent à leurs bras engourdis un poids insupportable. Dans les chutes fré-

1812. — Retraite de Russie.

quentes qu'ils faisaient, elles s'échappaient de leurs mains, elles se brisaient ou se perdaient dans la neige. S'ils se relevaient, c'était sans elles; car ils ne les jetèrent point, la faim et le froid les leur arrachèrent. Les doigts de beaucoup d'autres gelèrent sur le fusil qu'ils tenaient encore, et qui leur ôtait le mouvement nécessaire pour y entretenir un reste de chaleur et de vie. »

Puis le froid fait périr ceux qui n'ont pas été ensevelis sous la neige. Le 6 décembre 1812, « en quittant Molodeczno, le froid devint encore plus rigoureux, et le thermomètre descendit à 30 degrés Réaumur (— 38 degrés centigrades). La vie se serait interrompue même dans des corps sains, à plus forte raison dans des corps épuisés par la fatigue et les privations. Les chevaux étaient presque tous morts; quant aux hommes, ils tombaient par centaines sur les chemins. On marchait serrés les uns contre les autres, en troupe armée ou désarmée, dans un silence de stupéfaction, dans une tristesse profonde, ne disant mot, ne regardant rien, se suivant les uns les autres et tous suivant l'avant-garde, qui suivait elle-même la grande route de Wilna partout indiquée. A mesure qu'on marchait, le froid, agissant sur les plus faibles, leur ôtait d'abord la vue, puis l'ouïe, bientôt la connaissance, et puis, au moment d'expirer, la force de se mouvoir. Alors seulement ils tombaient sur la route, foulés aux pieds par ceux qui venaient après comme des cadavres inconnus. Les plus forts du jour étaient à leur tour les plus faibles du lendemain, et chaque journée emportait de nouvelles générations de victimes.

» Le soir, au bivouac, il en mourait par une autre cause: c'était l'action trop peu ménagée de la chaleur. Pressés de se réchauffer, la plupart se hâtaient de présenter à l'ardeur des flammes leurs extrémités glacées. La chaleur ayant pour effet ordinaire de décomposer rapidement les corps que le principe vital ne défend plus, la gangrène se mettait tout de suite aux pieds, aux mains, au visage même de ceux qu'une trop grande impatience de s'approcher du feu portait à s'y apposer sans précaution. Il n'y avait de sauvés que ceux qui, par une marche continue, par quelques aliments pris modérément, par quelques spiritueux ou quelques boissons chaudes, entretenaient la circulation du sang, ou qui, ayant une extrémité paralysée, y rappelaient la vie en la frictionnant avec de la neige. Ceux qui n'avaient pas eu ce soin se trouvaient paralysés le matin, au moment de quitter le bivouac, ou de tout le corps, ou d'un membre que la gangrène avait atteint subitement. » (Thiers, *Histoire du Consulat et de l'Empire.*)

L'hiver 1819-1820 fut, en France, le plus grand de tous les hivers compris entre 1789 et 1830. Son étude ne nous présenterait rien de nouveau à signaler, nous ne l'entreprendrons pas.

CHAPITRE IV

LE GRAND HIVER DE 1830.

L'hiver de 1829-1830 a été le plus rigoureux du dix-neuvième siècle, jusqu'à celui de 1879-1880. Il a été aussi remarquable par sa longueur que par sa rigueur, et, à cause de cette longueur même, il a été extrêmement funeste à l'agriculture. Ses ravages, comme pour celui de 1709, s'étendirent sur toute l'Europe. Dès le mois de novembre, les gelées ayant commencé partout à être très fortes, l'Europe presque entière se couvrit d'une grande quantité de neige qui, presque partout, resta longtemps sans fondre. Ainsi, le 2 novembre, il tomba assez de neige à Varsovie pour qu'on pût aller en traîneau dans les rues. En Prusse, il tomba beaucoup de neige, et, en janvier, il y en avait cinquante centimètres dans les rues de Berlin. Toutes les voitures y étaient transformées en traîneaux dès la fin de décembre. Dans le midi de la France, il neigea abondamment en décembre et en janvier, et dans certains endroits la neige couvrit le sol pendant cinquante-quatre jours consécutifs. C'est énorme pour le climat du Languedoc et de la Provence, où, le plus souvent, elle se fond en tombant, ou à peu près. A Genève, il y avait dans les rues plus de trente centimètres de neige, pendant qu'il n'y en avait pas dans la vallée de Chamouny, au pied du mont Blanc, ni sur le mont Saint-Bernard : phénomène qui semble extraordinaire, et qui cependant se reproduit dans un grand nombre d'hivers rigoureux.

En Corse, en Italie, en Portugal, il tomba d'énormes quantités de neige. En Espagne, les communications se trouvèrent interrompues. Dans certaines vallées, on en mesura plus de trois mètres. En France, à Roncevaux, il y en eut six pieds de hauteur. Ces chutes de neige étaient parfois accompagnées de violentes tempêtes. Ainsi, dans le canton de Rivesaltes, une bergerie s'écroula, dans la nuit du 27 au 28 décembre, sous l'action du vent, et écrasa dans sa chute un troupeau de trois cents moutons.

En Savoie, par un froid de 19 degrés, l'Arve fut glacé d'une épaisseur de treize pieds, et les montagnes furent ensevelies sous quarante pieds de neige.

En bien des points, notamment à Pau, les loups, chassés des montagnes par une telle abondance de neige, se répandirent dans la plaine, attaquant les personnes, et portant l'effroi dans les habitations. En Espagne, ils descendirent en troupes nombreuses, firent de cruels ravages parmi les troupeaux, et dévorèrent un grand nombre de personnes.

Les communications ne tardèrent pas à être interrompues en un grand nombre de points : les courriers n'arrivèrent plus à destination. Ainsi, on écrivait de Toulouse, le 26 décembre : « Depuis quelques jours le froid se fait sentir avec une grande violence. Il y a huit à dix pouces de neige dans les environs, et il ne cesse pas d'en tomber avec abondance. On attend la diligence de Paris, qui n'arrive pas. »

De même, à la même date, on mandait de Caen : « Il est tombé une si grande quantité de neige dans les départements du Calvados et de la Manche, que les communications de la ville de Caen avec les campagnes et les villes voisines sont non seulement devenues difficiles, mais même dangereuses. Il paraît que les neiges, poussées par les gros vents qui se sont fait sentir les jours précédents, se sont amoncelées jusqu'à cinq et six pieds dans le Cotentin. » Beaucoup de voituriers disparurent dans ces immenses neiges.

A Paris, il en était presque de même, et, dans les premiers jours de janvier, la circulation des voitures dans les rues était impossible. Six cents tombereaux et quatre mille individus furent employés pendant plusieurs semaines à l'enlèvement des glaces et des neiges dans Paris.

Le froid fut assez cruel pour que presque partout les hommes et les animaux en aient été victimes. A Paris, un soldat mourut dans la nuit du 26 décembre après avoir fait sa faction. A Rouen, un enfant mourut de froid. A Montreuil, le 1er janvier, deux hommes furent ramassés morts de froid. A Marseille, le 12 janvier, on trouva cinq individus qui avaient également succombé sur la voie publique. A la Peña d'Orduna, en Espagne, quatorze muletiers moururent de froid. A Berlin, le nombre des décès s'éleva considérablement, les hôpitaux et les maisons de travail se remplirent de malheureux accablés par la misère et le froid.

Les pauvres gens, sans bois pour se chauffer, souffraient horriblement. Le maire du septième arrondissement et celui du dixième firent établir des chauffoirs publics à partir du 15 janvier. On fut obligé d'envoyer en Alsace des soldats à la poursuite des malheureux qui pillaient les bois et les forêts pour se chauffer; il y eut même, le 10 février, une émeute à Guebwiller, amenée par la répression du vol du bois. Le roi Charles X crut devoir, par une ordonnance du 4 mars, accorder une amnistie pour les délits forestiers commis pendant la durée de l'hiver. Partout dans Paris on organisa des quêtes pour les indigents. Les membres de la famille royale s'étant distingués par leur générosité, le marquis de Valori, chevalier des ordres de Malte et de la Légion d'honneur, célébra cette bienfaisance en termes pompeux et emphatiques. Cette *Ode sur l'hiver de 1830* se trouve en entier dans le *Moniteur universel;* quelques extraits nous suffiront:

. . . .

Oui, je consolerai sur la glèbe durcie
Le soc agriculteur, aux stériles efforts;
Et le cristal des flots, rebelle à l'âpre scie,

Se brisera sous mes trésors.

. . . .

Attendrissant spectacle ! Au banquet charitable,
Le riche citadin sans peine a consacré
L'orgueil de ses habits, le luxe de sa table,
Et l'éclat de son char doré.

. . . .

De pudiques tributs quelle moisson pieuse !
Je ne sais, mais je crois que d'invisibles mains
Prirent avec le ciel une part glorieuse
Au soulagement des humains.

. . . .

Ainsi l'orme géant, fortifié par l'âge,
Prolongeant dans les bois ses verdoyants arceaux,
Garantit de la neige et des feux de l'orage
Le peuple nain des arbrisseaux.

La perte en bestiaux fut aussi très considérable. On écrivait d'Arles, le 6 février : « L'hiver dépassera celui de 1789. Nos oliviers meurent sous l'action du froid ; les troupeaux périssent en détail : tout souffre dans les fermes comme à la ville. » On porte à quatorze mille têtes de bétail les pertes de l'Andalousie. L'abondance de la neige força à suspendre partout, pendant trois mois, les travaux de la campagne. Les dégâts sur les végétaux, très considérables, le furent cependant beaucoup moins qu'en 1709. Les récoltes en terre, blés, avoines, orges, sainfoins, prairies, furent en partie préservées par la neige. Cependant en beaucoup d'endroits, comme en 1709, les champs dépouillés de la neige par le vent furent exposés à toute la rigueur du froid, et les récoltes furent gelées. Dans d'autres points, les gelées arrivant après le dégel furent fatales. Sur les terres en pente, où les eaux purent facilement s'écouler, les blés furent très bons, et il ne vint rien dans les creux au milieu des plaines. La sécheresse du printemps vint augmenter le mal et causa autant de dommages que la gelée. En somme, les blés, les fourrages, les maïs, furent clairs et courts. La récolte fut des plus médiocres, mais non pas nulle. Il n'en résulta aucune famine comparable à celles des siècles précédents. C'est que déjà, à cette époque, les famines étaient passées pour ne plus revenir.

Quant aux arbres, que la neige ne pouvait garantir, ils furent plus malheureux encore, quoique beaucoup se soient sauvés. La liste de ceux qui périrent serait trop longue. Citons seulement rapidement les plus importants. Les oliviers, les vignes, les châtaigniers, les figuiers, les mûriers, les lauriers, périrent en grand nombre, et on se chauffa pendant l'hiver suivant avec les nombreux arbres qu'il fallut couper au pied. Au contraire, les noyers, noisetiers, cognassiers, néfliers, sorbiers, cerisiers, abricotiers, pruniers, poiriers, pommiers, eurent peu à souffrir, de même qu'un certain nombre d'arbres exotiques.

Les phénomènes de congélation, les débâcles, les inondations dues à la fonte des neiges, méritent de nous arrêter plus longuement; d'autant plus que nous n'avons guère eu à en parler pour l'hiver de 1709. Presque tous les fleuves d'Europe furent gelés, et l'énumération en serait trop longue.

Pour ne dire que quelques mots des faits qui se produisirent hors de France : à Genève, le 29 décembre au matin, le vent du nord s'étant apaisé, le lac cessa d'être agité, et les vagues, transformées depuis la veille en nombreux glaçons qu'on voyait flotter le long des rives et à l'entrée du port, se sont aussitôt soudées et ont transformé la surface liquide en une plaine solide, qui permettait presque de traverser le lac à pied depuis les pâquis aux Eaux-Vives, en longeant l'estacade.

Le 10 du mois de janvier, la glace de la Meuse s'est rompue devant Schiedam, au moment où plus de quatre cents personnes se trouvaient dessus; elles ont été toutes sauvées, à l'exception de deux.

En Suède et en Danemark, le froid, intense et continu en décembre, faiblit en janvier; les glaces du Belt n'interrompirent la navigation que pendant douze jours; mais des traîneaux, pesamment chargés, traversèrent, en décembre, le Sund sur une largeur de sept à huit lieues entre la Suède et le Danemark. En janvier, la communication directe sur la glace, entre Elseneur et Helsingfors, fut interrompue par la violence des courants, et sur d'autres points le peu d'intensité de la gelée de ce mois rendit les excursions sur la glace très périlleuses. Le port d'Odessa, dans la mer Noire, fut pris dès le 8 décembre,

La débâcle du Danube et de ses affluents, et les débordements produits par la fonte des neiges, furent si graves en Allemagne que des ponts furent rompus, des faubourgs dévastés. Trente cadavres furent retrouvés le 4 mars.

En France, tous les fleuves, toutes les rivières, furent gelées, même celles du midi, qui ne sont complètement prises que bien rarement. Le Rhin fut presque entièrement gelé le 26 janvier; les glaçons charriés par ce fleuve, après avoir longtemps battu les soutiens du pont du Rhin, en ont enfin enlevé une partie vers le milieu de la journée, et interrompu de cette manière toute communication entre Strasbourg et Kehl. Dans le midi, la Garonne, la Dordogne, la Durance, le canal des deux mers, furent pris, et l'on passa le Rhône sur la glace.

Ainsi, on écrivait de Bordeaux, à la date du 31 décembre : « La Garonne continue à se couvrir de glaçons, et les sinistres qu'elle produit sont de jour en jour plus affligeants; on ne voit sur les glaces que mâts brisés et que chaloupes sans pilote. A la marée montante, deux navires, *la Clémentine* et *la Danaé*, ont chassé sur leurs ancres et ont été jetés par la force des glaces en travers du pont. *La Bonne-Madeleine*, entraînée de même, passa sous les ponts, et les mâts s'opposant à son passage, ils furent brisés. »

Le Rhône et la Saône se prirent deux fois en totalité, et les débâcles présentèrent des particularités dignes de nous arrêter.

La première débâcle du Rhône eut lieu le 24 janvier, en plein jour. Le pont d'Avignon, sur la grande branche du

Rhône, assailli par d'énormes blocs de glace, ne put résister à la violence des chocs, et deux arches furent d'abord empor-

1830. La Garonne. — On ne voit sur les glaces que mâts brisés et chaloupes sans pilote.

tées; plusieurs autres, fortement ébranlées, durent être reconstruites.

La seconde débâcle se produisit le 9 février; elle causa de grands malheurs dans Lyon : « Les glaces que le fleuve charrie, écrivait-on, s'étant accumulées pendant la nuit, ont formé un barrage qui a retenu et fait élever les eaux de plusieurs pieds, jusqu'à ce que, surmontant violemment cet obstacle, elles aient repoussé la digue de glace, qui s'est alors précipitée sur les usines. Quelques-unes ont été rejetées et brisées contre les glacis de la chaussée, d'autres ont été gravement endommagées. L'une a été fixée dans les glaces au milieu du Rhône et y est demeurée plusieurs jours. »

La seconde débâcle de la Saône eut lieu aussi dans la première quinzaine de février. Elle donna naissance à une banquise analogue à celles qui se produisirent en 1880, et sur lesquelles nous insisterons. Citons textuellement le rapport publié par *le Moniteur universel*, en février 1830 : « La débâcle de la Saône donnait, à Lyon, les plus vives inquiétudes; les glaces, amoncelées en amont du pont de Serin et de l'île Barbe, touchaient au fond dela rivière et s'élevaient par place fort au-dessus du niveau des eaux. Cette masse énorme menaçait d'une destruction subite le pont de Serin, qui devait en éprouver le premier choc. Les piles de ce pont sont en pierre et les arches en bois, et si le tablier en eût été enlevé par un encombrement de glaces, il se serait formé en aval un barrage par-dessus lequel les eaux, se précipitant avec une force incalculable, auraient inondé la ville. On craignait les malheurs les plus affreux, et l'énormité de l'amas de glace défiait toutes les mesures par lesquelles on aurait pu tenter de les prévenir. »

» Enfin, le 16 février, ce vaste chaos, soulevé par l'eau qui pénétrait dessous, s'est tout à la fois mis en mouvement; en moins de cinq minutes, la rivière s'est élevée de deux mètres; des glaçons d'une épaisseur moyenne de quarante à cinquante centimètres, soudés les uns contre les autres sous toutes les inclinaisons, semblaient ne former qu'une seule plaine hérissée sur toute l'étendue de la rivière et marchaient comme un seul corps : on eût dit un glacier des Alpes descendant silencieusement vers la mer. Ce spectacle, dont on ne saurait peindre la majestueuse horreur, a duré près de cinq quarts d'heure. Heureusement, la débâcle n'a point eu lieu par une crue; elle s'est opérée par un temps froid, il a gelé pendant les trois nuits qui l'ont précédée. Avec un mètre d'eau de plus, le pont de Serin, dont les glaces ont atteint les fermes, aurait été infailliblement emporté, et il n'est pas donné de calculer les suites qu'aurait entraînées un pareil événement.

» On n'a à déplorer aucun malheur sérieux ; dans l'appréhension où chacun se trouvait, on ne tint pas compte de quelques bateaux emportés. »

Dans le centre et dans le nord, les rivières ne présentaient pas un aspect différent. A Argenton, « les plus vieux habitants de nos contrées ne se souviennent pas d'avoir vu un froid si rigoureux. La glace qui couvre la Creuse est épaisse de 15 pouces en certains endroits, et supporte les plus lourdes charrettes. Les vignes sont presque entièrement détruites, et on a trouvé dans la campagne des arbres fendus par la force du froid. Plusieurs chasseurs ont tué des cygnes, des butors et d'autres oiseaux qui n'avaient jamais paru dans nos climats. »

A Boulogne, on prenait, en décembre et janvier, des quantités prodigieuses de soles chassées des mers du Nord par les froids.

Le 8 février, la Scarpe (Nord), subitement grossie par le dégel, renversait les digues en plusieurs points et envahissait les campagnes.

Mais ce furent surtout les faits de congélation et de débâcle de la Seine et des rivières de son bassin qui, comme toujours, occupèrent l'opinion publique. Dès le 26 décembre, les bâtiments sortis du Havre et de Honfleur à destination de Rouen, furent obligés de regagner le port, pour éviter les glaces qui commençaient à charrier très fort. Le 27, la rivière était entièrement prise dans tout son cours. Ces bâtiments attendirent dans les ports, pendant plus d'un mois, que la débâcle arrivât pour leur permettre de remonter jusqu'à Rouen. Le 18 janvier, on établit à Rouen une foire sur la glace. A Paris, des boutiques s'établirent sur le petit bras de la Seine.

L'administration, justement préoccupée des désastres que pouvait amener la débâcle, cherchait à en diminuer les dangers en brisant d'avance les glaces. On employa successivement deux moyens.

Des essais furent faits le 17 janvier, près de la plaine d'Ivry, avec des marrons à briser la glace, chargés de poudre. Ils furent repris quelques jours après à côté du pont des Arts. Malheureusement l'effet produit ne répondit pas aux espérances. Le sciage des glaces fut employé près du quai de l'École avec beaucoup plus de succès.

Cependant les marrons à briser la glace étaient employés depuis plusieurs années à Mulhouse avec un succès complet, et cette année 1830 ils réussirent comme toujours. Il est vrai de dire qu'à Paris, sous prétexte de faire mieux, on avait imaginé un grand nombre de moyens divers de lancer les marrons, se refusant toujours à employer le moyen usité à Mulhouse, qui donnait pourtant de si bons résultats.

Ces marrons de M. Glück étaient employés avec un plein succès à Mulhouse depuis 1778. — « 12 février 1830. C'est grâce à l'emploi des marrons de M. Glück qu'on s'est rendu maître des énormes glaçons qui s'amoncelaient partout. Ainsi, pendant qu'à Paris on venait de faire un essai infructueux de cet ingénieux moyen, parce qu'on n'avait pas voulu suivre les ndications données, ce même moyen réussissait complètement à Mulhouse ; des glaçons d'une grandeur et d'une grosseur énormes, qu'aucun levier n'aurait pu faire céder, se rompaient en éclats, comme par enchantement, par l'emploi d'un seul marron, et remettaient à flot des masses d'autres glaçons qui s'étaient arrêtés aux piles des ponts. »

« M. Fournet, ingénieur en chef du département, et M. Morin, ingénieur de l'arrondissement, ont été témoins du prodigieux effet des marrons de M. Glück, lorsqu'ils sont bien employés, c'est-à-dire lorsque, au lieu d'être lancés au fond de l'eau, comme l'a fait M. Ruggieri à Paris, on les fixe à une perche pour les présenter et les faire éclater immédiatement sous le glaçon flottant qu'on veut briser. »

Enfin la débâcle se produisait à Paris le 26 janvier. En voici le tableau, d'après le rapport de l'inspecteur général de la navigation : « Un exprès, arrivé hier de Choisy-le-Roi, avait annoncé que les glaces descendues de Melun et Corbeil étaient arrêtées au pont de Choisy et y formaient un mur de 15 pieds de hauteur; que les piles étaient submergées jusqu'au couronnement; que la commune se trouvait dans un lac, l'eau couvrant le parc et menaçant d'en renverser les murs, les grandes berges tombées, et les bois chantiers environnants en péril. Ainsi averti, on s'est tenu sur ses gardes, s'attendant pour la nuit à une violente débâcle dans Paris..... A trois heures du matin, les glaces sont parties avec force, ont marché pendant 35 minutes, et se sont arrêtées en formant d'énormes rencharges contre les ponts supérieurs et la grande estacade de l'île Saint-Louis... Sur les 5 heures et demie, les glaces sont reparties avec une furie impossible à décrire, et la grande estacade, fermée cette année avec un soin particulier, et renforcée de charpentes nouvelles, a essuyé un choc si terrible qu'elle en a reculé de 11 pouces, ébranlant et dérangeant les assises des culées du quai sur lequel elle s'appuie. Elle a résisté comme par miracle et a préservé non seulement les riches et nombreux bateaux placés derrière elle, mais encore les ponts du grand bras que cette masse de bateaux aurait pu entraîner avec elle. La blanchisserie *les Sirènes*, au pont des Arts, a été enfoncée par les glaçons qui s'y sont logés, l'ont brisée et coulée à fond de manière à ne pouvoir être sauvée... On a des inquiétudes pour les ponts de Choisy-le-Roi, de Bezons et du Pecq... La retenue des glaces à Choisy-le-Roi, où, formant une espèce de barrage, elles ont fait déborder les eaux sur toute la commune, et les temps secs qui ont régné depuis quelques jours, ont heureusement amorti pour Paris les effets de la débâcle et de l'inondation, qui probablement, sans ces circonstances, auraient été aussi terribles qu'en 1802. » Cette débâcle devait bientôt être suivie d'une autre. En effet, le 5 février, la Seine était de nouveau complètement reprise, et une seconde débâcle se produisait le 10, sans aucun accident. Le rapport de l'inspecteur général de la navigation remarque que, depuis 1789, on n'avait pas vu deux débâcles à Paris dans un même hiver. Cette seconde débâcle, qui devait se terminer sans aucun accident, avait cependant causé les plus grandes inquiétudes, à cause d'une accumulation de glace analogue à celle qui s'était produite à Choisy lors de la première.

« On craint, le 9 février, une seconde débâcle plus grave que la première. Un amas effrayant de glaces, venues de la Marne supérieure, s'est arrêté dans la longueur d'une lieue et demie sur la partie de la rivière qui traverse Corbeil, et menace le voisinage. On prend des mesures pour débarrasser le cours de la rivière. »

Heureusement il devait en être de l'embâcle de la Marne comme de celle de la Saône. Le 15 février, tout danger avait disparu ; la débâcle s'était achevée sans entraîner aucun des graves accidents que l'amoncellement des glaces avait fait redouter et contre lesquels toutes les mesures de précaution possibles avaient été prises.

Maintenant que nous avons passé en revue les principaux traits de cet hiver rigoureux, occupons-nous de rechercher ses températures. Disons d'abord qu'il fut rigoureux sur toute l'Europe. En France, le midi eut plus à souffrir que le nord, proportionnellement aux hivers moyens. Le tableau suivant donne quelques-unes des températures les plus basses pour quelques villes de France.

Mulhouse	— 28°.1	Pau	— 17°.5
Nancy	— 26 .3	Paris	— 17 .2
Épinal	— 25 .6	Toulouse	— 15 .0
Aurillac	— 23 .6	Avignon	— 13 .0
Strasbourg	— 23 .4	Lyon	— 12 .0
Metz	— 20 .5	Bordeaux	— 10 .6
Dieppe	— 19 .8	Marseille	— 10 .1
Colmar	— 18 .0	Hyères	— 5 .3

Pour Paris nous pouvons entrer dans quelques détails, mais il nous faut d'abord donner des définitions.

On appelle température maxima et température minima d'une journée, la plus haute et la plus basse température de cette journée. Elles sont données, soit par des thermomètres spéciaux, dits thermomètres à maxima et à minima, soit par des thermométrographes qui inscrivent automatiquement la température à chaque instant du jour et de la nuit.

Imaginons maintenant qu'on prenne la température à chacune des 24 heures de la journée; la somme de ces 24 températures, divisée par 24, est ce qu'on nomme la température moyenne de la journée. Le nombre auquel on arrive en faisant cette opération est sensiblement le même que celui obtenu en prenant la demi-somme de la température maxima et de la température minima de la journée. Aussi cette demi-somme est-elle prise très souvent comme température moyenne du jour.

Exemples :

Température maxima. . . . . + 12°
Température minima. . . . . + 6

$$\text{Moyenne } \frac{12 + 6}{2} = 9°$$

Température maxima. . . . . + 2°
Température minima. . . . . — 6

$$\text{Moyenne } \frac{+2 - 6}{2} = -2°$$

Température maxima. . . . . — 2°
Température minima. . . . . — 10

$$\text{Moyenne } \frac{-2 - 10}{2} = -6°$$

Nous pouvons avoir ainsi la température moyenne de chacun des jours du mois de janvier. La somme de ces 31 moyennes, divisée par 31, donne la température moyenne de janvier.

On aura de même la température moyenne de tous les mois d'une année. La somme de ces températures moyennes, divisée par 12, est la température moyenne de l'année. De même la somme des températures moyennes des trois mois de décembre, janvier, février, divisée par 3, est la température moyenne de l'hiver météorologique.

Tous les calculs que venons d'indiquer ont été faits, pour le climat de Paris, à l'aide des observations de l'Observatoire depuis le commencement du siècle. Avant cette époque, les renseignements ne sont pas complets.

Prenons donc, depuis le commencement du siècle, une longue série d'observations, par exemple 50 ans. Faisons la somme des 50 températures moyennes de janvier pour ces 50 années; divisons cette somme par 50, nous aurons la température moyenne autour de laquelle oscillent les mois de janvier des diverses années. On aura de même la température moyenne normale de chaque mois, de chaque saison, de l'année entière.

Voici le tableau des températures moyennes normales déduites de cinquante années d'observations (1816 à 1866), faites à l'Observatoire de Paris, et calculées par M. Renou :

Saison	Mois	Temp.	Saison	Mois	Temp.
Hiver, + 3°.26	Décembre. .	+ 3°.54	Été, + 18°.12	Juin	+ 17°.24
	Janvier. . .	+ 2 .32		Juillet . . .	+ 18 .69
	Février. . .	+ 3 .91		Août. . . .	+ 18 .44
Printemps, + 10°.16	Mars. . . .	+ 6 .41	Automne, + 11°.15	Septembre .	+ 15 .59
	Avril. . . .	+ 10 .17		Octobre . .	+ 11 .27
	Mai	+ 13 .89		Novembre .	+ 6 .58

Moyenne de l'année, + 10°.67.

Un hiver est rigoureux, lorsque la moyenne de ses trois mois, jointe, s'il y a lieu, à la moyenne des mois de novembre et de mars, est sensiblement plus basse que la moyenne normale. Mais cette moyenne ne suffit pas pour qu'on puisse apprécier complètement la rigueur d'un hiver. On aura à tenir compte de tous les détails des oscillations de la température pendant cet hiver, et en particulier du nombre de jours de gelée, c'est-à-dire du nombre de jours où le thermomètre à minima s'est abaissé au-dessous de zéro. Le nombre le plus considérable observé à Paris, depuis que les observations sont régulières, est de 86 pour l'hiver 1788-1789 ; le moins considérable est de 10 pour l'hiver 1820-1821. Le nombre moyen des jours de gelée à Paris est de 47.

Le tableau suivant, calculé d'après les principes que nous venons d'indiquer, résume l'hiver de 1829-1830. Il comprend les cinq mois de la saison froide.

HIVER 1829-1830.

MOIS.	MOYENNE normale du mois à Paris.	MOYENNE pour l'hiver 1829-1830.	DIFFÉRENCES en faveur du mois normal.	NOMBRE des jours de gelée.	MOYENNE des minima du mois.	TEMPÉRATURE la plus basse du mois.
Novembre .	+ 6.58	+ 4.7	+ 1.88	8	+ 1.9	— 5.3
Décembre .	+ 3.54	— 3.5	+ 7.04	26	— 5.7	— 14.5
Janvier . .	+ 2.32	— 2.5	+ 4.82	21	— 4.5	— 17.2
Février . .	+ 3.91	+ 1.2	+ 2.71	17	— 2.0	— 15.6
Mars. . . .	+ 6.41	+ 8.9	— 2.49	4	+ 4.4	— 2.3

Ce tableau nous montre que les quatre mois de novembre, décembre, janvier, février, furent beaucoup plus froids que la moyenne normale, et qu'au contraire le mois de mars fut très chaud.

La moyenne des trois mois d'hiver est de — 1°.6 inférieure de 4°.86 à l'hiver normal. La moyenne des cinq mois de la saison froide est de + 1°.76, inférieure de 2°.79 à la moyenne correspondante de l'année normale.

Il y eut trois périodes de froid bien marquées : la période de décembre, du 6 décembre au 7 janvier ; c'est la plus longue. Elle est suivie, après une bien courte interruption, de la période la plus cruelle, du 12 au 20 janvier. Puis vient un dégel sérieux qui amène les premières débâcles. Le 29 janvier, le froid revient aussi fort qu'auparavent, pour se terminer le 8 février, et amener les secondes débâcles.

C'est à cette date que se terminent les rigueurs de l'hiver : il avait duré deux mois, pendant lesquels on avait compté 54 jours de gelée. Des gelées peu intenses, avant le 6 décembre et après le 8 février, au nombre de 22, complètent le nombre total de 76 gelées pour l'hiver entier, nombre qui n'avait pas été obtenu depuis l'hiver de 1788-1789.

Pour ceux auxquels les moyennes que nous venons d'examiner ne seraient pas assez familières, employons la méthode de calcul employée dans les applications de la météorologie à l'agriculture. Faisons la somme des degrés de chaleur comptés au-dessus de zéro pendant la durée des trois mois de décembre, janvier, février, de l'hiver 1829-1830. Faisons, d'autre part, la somme des degrés de froid comptés au-dessous de zéro pendant le même temps. Nous trouverons que la somme des degrés de froid surpasse la somme des degrés de chaleur de 153 degrés. Donc l'hiver de 1829-1830 a présenté une somme de 153 degrés au-dessous de la température moyenne de zéro. Au contraire, en année normale, la somme est de 291 degrés au-dessus de cette même moyenne. Donc il a manqué 444 degrés, en trois mois, pour faire de l'hiver 1829-1830 un hiver normal. Cette somme, répartie sur les 90 jours des trois mois, montre que la température a été chaque jour de près de 5 degrés, en moyenne, inférieure à la température normale.

CHAPITRE V

LES HIVERS DE 1830 A 1879.

De 1830 à 1879 il n'y eut pas en France de bien grands hivers. Si quelques-uns furent un peu rudes, aucun n'a été comparable à celui que nous venons d'examiner. Nous aurons bien vite fait d'indiquer, en suivant l'ordre chronologique, les faits saillants de cette période de cinquante ans.

L'hiver 1837-1838 fut remarquable par 77 jours de gelée, dont 33 consécutifs, nombres supérieurs à ceux de 1829-1830. La température minima à Paris fut de — 19 degrés, le 20 janvier. Il semble donc, au premier abord, que cet hiver ait été plus rigoureux que le grand hiver 1829-1830. Mais, quand on y regarde de près, on voit que, d'abord, il s'étendit sur une surface de l'Europe beaucoup moindre, et que, même à Paris, les gelées si nombreuses furent très souvent peu intenses. Aussi, la moyenne des trois mois d'hiver fut-elle de + 0°.7 au lieu de — 1°.6, présentée par 1829-1830, supérieure à cette dernière de 2°.3.

Cet hiver présente cependant ce point remarquable, que la température moyenne de janvier, — 4°.4 est la moyenne la plus basse qui ait jamais été rigoureusement calculée, jusqu'au mois de décembre 1879. Aussi, pendant ce mois de janvier, vit-on se produire tous les caractères qui accompagnent les grands hivers, prise des rivières, congélation d'hommes et d'animaux, pertes grandes pour l'agriculture et la sylviculture.

L'hiver 1840-1841 ne présenta rien de bien particulier, à aucun point de vue, et plus de quinze hivers du dix-neuvième siècle, dont nous ne parlerons même pas, ont été plus rigoureux. Il est resté cependant gravé dans bien des mémoires, à cause d'un événement qui s'y produisit. Le 15 décembre, jour du plus grand froid, où la température descendit à — 14 degrés, eut lieu l'entrée solennelle, par l'arc de triomphe de l'Étoile, des cendres de l'empereur Napoléon rapportées de Sainte-Hélène. « Une multitude innombrable de personnes, les légions de la garde nationale de Paris et des communes voisines, des régiments nombreux, stationnèrent depuis le matin jusqu'à deux heures de l'après-midi dans les Champs-Élysées. Tout le monde souffrit cruellement du froid. Des gardes nationaux, des ouvriers, crurent se réchauffer en buvant de l'eau-de-vie, et, saisis par le froid, périrent d'une congestion immédiate. D'autres individus furent victimes de leur curiosité : ayant envahi les arbres de l'avenue pour apercevoir le coup d'œil du cortège, leurs extrémités, engourdies par la gelée, ne purent les y maintenir; ils tombèrent des branches et se tuèrent. »

En 1844-1845, il y eut 79 jours de gelée à Paris; c'était le nombre le plus considérable depuis 1789, mais elles ne furent pas très intenses, et s'échelonnèrent sur un long intervalle; il n'y en eut jamais plus de quinze consécutives. Aussi, quoique la moyenne de cet hiver soit plus basse que celle de 1838, il fit moins de mal. Cet hiver est surtout remarquable par l'énorme quantité de neiges qui tombèrent pendant plusieurs mois sur une grande partie de l'Europe. « Non seulement les Ardennes, les Vosges, le Jura, les Alpes, les Cévennes, les montagnes de l'Auvergne et les Pyrénées, furent couvertes, dans cet hiver, d'une couche de neige triple de celle dont ces hauteurs sont chargées dans les hivers ordinaires, mais presque toutes les routes dans le midi en furent encombrées; les communications furent interrompues sur un nombre considérable de points; à Marseille, il tomba $0^m.50$ de neige en trente-six heures. En Allemagne, les railways du Harz et de la Silésie, ceux de Magdebourg et de Leipzig à Dresde, furent enterrés sous une couche d'une épaisseur de 7 mètres. Dans la haute Silésie, des maisons furent ensevelies avec leurs habitants. Dans le département de la Drôme, dans les Pyré-

1844-1845. — Toutes les routes du midi furent couvertes de neige.

nées, près de Nîmes, des hommes et des animaux furent ensevelis sous la neige. »

Les hivers de 1854-1855 et de 1855-1856 ne furent pas très rudes en France, mais ils resteront célèbres aussi, ceux-là, à cause des pertes considérables que le rude climat de la Crimée fit subir à nos troupes. Nous lisons, en effet, dans l'*Histoire de la guerre de Crimée*, de M. Camille Rousset, que pendant cette longue et terrible guerre, plus de 265 000 hommes périrent, tant Français qu'Anglais, Piémontais, Turcs et Russes. Et ce nombre est certainement de beaucoup trop faible. Sur tant de victimes de la guerre, moins de 40 000 périrent par suite du feu de l'ennemi ; tout le reste, soit plus de 225 000 hommes, mourut de maladie. Grâce à la rigueur de la saison, par des températures allant jusqu'à — 27 degrés, les affections de poitrine, la dyssenterie, le scorbut, puis le typhus, exerçaient des ravages incroyables. Les chevaux sans abri mouraient par centaines ; la cavalerie était presque démontée. Il n'y avait que les chevaux d'Afrique et les mulets qui résistaient admirablement au froid, à la fatigue, à la faim.

Les cas de congélation étaient fréquents et graves ; pendant le mois de janvier 1855, il n'y en eut pas moins de 2 500 dans la seule armée française, pour un tiers suivis de mort, pour la plupart de mutilations dangereuses : on compterait le nombre de ceux qui ne demeurèrent pas à jamais estropiés. Sur 75 000 hommes que comptait au 31 janvier l'armée française, il y en avait dans les hôpitaux et les ambulances plus de 9 000, un huitième à peu près de l'effectif général.

L'hiver de 1870-1871 n'est pas non plus extrêmement froid, du moins à Paris, mais il restera à jamais mémorable en France à cause des tristes circonstances dans lesquelles il s'est produit, à cause des souffrances que ses rigueurs ont occasionnées à nos soldats. A ce point de vue surtout il mérite qu'on s'y arrête.

A Paris, il n'y eut aucune gelée en octobre ni en novembre 1870, fait qui se produit assez rarement ; et la moyenne de température de ces deux mois fut à peu près égale à la moyenne normale des mois d'octobre et de novembre. Mais au 1er décembre le froid commence et se maintient presque sans interruption pendant toute la durée de décembre et de anvier. Pendant les soixante-deux jours qui constituent ces deux mois, le thermomètre s'abaissa quarante-quatre fois au dessous de zéro degré, sans qu'il y eût aucun froid excessif, la température la plus basse de janvier ayant été de — 11°.7 le 24, et celle de février de — 11°.9 le 5. Puis le froid disparaît subitement comme il était venu, et la température de février est très notablement supérieure à la moyenne ordinaire. Cet hiver n'a donc été ni long, ni extrêmement rigoureux. On n'y compte à Paris, en tout, que 50 jours de gelée, et des températures minima qui n'ont rien d'exceptionnel. La température moyenne de décembre y fut de —0.7, et depuis le commencement du siècle, six mois de décembre avaient été plus froids que celui-là; la température moyenne de janvier y fut de —0.8, et depuis le commencement du siècle, neuf mois de janvier avaient été plus froids. Ni décembre ni janvier n'ont donc isolément rien présenté d'extraordinaire par leurs températures; mais ils ont été froids tous les deux, tandis qu'en général deux mois froids ne se suivent pas immédiatement.

Si nous considérons seulement l'ensemble des deux mois de décembre et janvier, l'hiver de 1870-1871 arrive, comme rigueur, pour la période de 1800 à 1878, immédiatement après ceux de 1829-1830 et de 1838-1839. Mais si nous tenons compte du nombre des jours de gelée et de la moyenne totale des mois froids, l'hiver 1870-1871 doit être considéré comme simplement assez rude. Il serait, comme celui de 1812-1813, tristement célèbre aussi, et, pour la même cause, classé au dixième ou douzième rang parmi ceux du siècle.

En certains points du territoire, le froid constant de ces deux mois de décembre et janvier, joint aux misères de la guerre, aux tristesses de l'occupation prussienne, eut une funeste influence sur la santé publique. M. Renou écrivait de Vendôme, en février 1871 : « La mortalité est effrayante ici. Il est mort autant de monde en janvier qu'il en meurt ordinairement en un an, et cela sans compter les décès des militaires français ou prussiens. On a enterré ici cinquante-sept personnes le 27 décembre. » Mais c'est surtout dans le midi que les froids se firent sentir. Tandis qu'à Paris ils n'atteignaient pas —12 degrés, il dépassaient —17 degrés à Bordeaux, —23 degrés à Périgueux, —16 degrés à Montpellier. Une seule fois, dans cette dernière ville, le 20 janvier 1855, on avait observé un froid plus vif, de — 18°.2.

M. Martins, dans un mémoire adressé à l'Académie des sciences, établit qu'en janvier comme en février 1871, les températures minima de Montpellier furent constamment inférieures à celles de Paris. Il est vrai que, à cause de la sérénité habituelle du ciel du midi, à des nuits très froides succédaient des journées presque chaudes : aussi la moyenne générale est-elle plus élevée à Montpellier qu'à Paris. Les effets de cette température si anormale furent désastreux sur la végétation. Dans le jardin botanique de Montpellier, nombre d'arbres indigènes furent gelés jusqu'aux racines : les chênes verts, les pins d'Alep, les oliviers, les cyprès, les grenadiers, les figuiers, moururent.

Qu'on songe aux souffrances que durent éprouver nos soldats, couchant dehors par un mois de novembre sans cesse pluvieux, par un mois de décembre et un mois de janvier constamment froids. A Paris, plus peut-être qu'ailleurs, les souffrances furent grandes. Les soldats, aux avant-postes, n'étaient pas les seuls à souffrir. Les femmes, obligées d'aller passer plusieurs heures chaque jour à la porte des boucheries et des boulangeries, pour obtenir les quelques grammes de viande, le petit morceau de pain, et quel pain ! qui étaient alloués à chacun, n'étaient pas plus heureuses. « Aux souffrances de la faim, dit le général Ducrot, vint s'ajouter celle du froid : plus de houille, plus de coke, plus de bois ; on rationna la chaleur comme on avait rationné la nourriture. »

Lisons, dans les *Mémoires sur la défense de Paris*, de E. Viollet-le-Duc, le tableau des avant-postes : « Il faut avoir passé des nuits au bivouac, dans la tranchée, aux avant-postes, l'âme inquiète et l'oreille au guet, au milieu de ces soldats mornes, pelotonnés autour d'un brasier, sales, défaits, couverts de lambeaux sans nom, abrités derrière les débris de meubles arrachés à quelques maisons voisines, ne répondant aux questions que par monosyllabes, laissant brûler leurs restes de vêtements et leurs souliers, n'entendant plus la voix de leurs officiers. Il faut avoir vu la pâle lueur d'une aurore d'hiver se

Nuits au bivouac sur la neige.

lever sur ces demi-cadavres, sur ces membres engourdis et couverts de givre, sur ces visages sans éclairs... » Que ceux qui ont passé les longs mois du siège de Paris aux avant-postes, dans les tranchées d'Arcueil-Cachan, des Hautes-Bruyères, ou de la ferme des Mèches, se souviennent et disent si ce sombre tableau n'est pas frappant de ressemblance.

A Belfort, les souffrances étaient plus grandes encore; car le froid était plus intense et les ressources moindres. Nous lisons dans *la Défense de Belfort :* « Nous ne pouvions remplacer la chaussure usée des hommes. Ces malheureux, presque tous sans guêtres et avec les mauvais souliers qu'on avait livrés à la troupe, avaient cruellement à souffrir par ces froids terribles atteignant, certaines nuits, jusqu'à 18 et 19 degrés centigrades au-dessous de zéro. Nombre d'hommes avaient les pieds gelés. Il fallut, pour parer à ces graves inconvénients, faire flèche de tout bois, et le gouverneur mit à la disposition des corps de troupe les sacs à farine vides, pour en faire des guêtres. Il ordonna également qu'en cas d'extrême besoin de cuir et en l'absence de moyens pour tanner les peaux des bêtes mangées, on devrait les utiliser non tannées, pour faire des chaussures à la manière des peuples primitifs. »

Les armées qui tenaient la campagne, souvent sans abris, sans tentes, étaient décimées par les maladies, par les cas fréquents de congélation. Et cet hiver semblait s'acharner surtout contre nous en favorisant nos ennemis. M. de Freycinet en fait la remarque dans son histoire de *la Guerre en province :* « Les influences météorologiques ont constamment lutté contre nous. Il semblait que la nature eût fait un pacte avec nos ennemis. Chaque fois qu'ils se mettaient en marche, ils étaient favorisés par un temps admirable, tandis que tous nos mouvements étaient contrariés par la pluie ou le froid. La rigueur de l'hiver a été certainement pour moitié dans l'insuccès de la campagne de l'Est. Le froid a contribué beaucoup à la défaite d'Orléans, et même à celle du Mans : c'est la pluie qui a retardé une première fois la marche de l'armée de la Loire, ou qui, du moins, a permis de justifier son inaction. Nos ennemis, au contraire, ont toujours été secondés dans leurs mouvements. Qui ne se rappelle le temps exceptionnel qui a régné pendant tout le mois de septembre et la première quinzaine d'octobre, alors que l'armée prussienne marchait sur Paris et installait les travaux du siège? Qui ne se rappelle également la température printanière qui a régné dès la fin de janvier, aussitôt après que l'armistice a clos les hostilités? Autant l'hiver avait été rude pour les mouvements de notre armée de l'Est, autant il a été propice pour le retour des Prussiens en Allemagne. »

L'hiver qui suivit celui de la guerre s'annonça d'abord comme devant être beaucoup plus rigoureux. Heureusement il ne tint pas complètement ses promesses. Trois gelées en octobre et dix-sept en novembre, avec des moyennes de + 9°.5 et + 3°.1, voilà le début. Ces deux mois, en 1870, n'avaient donné aucune gelée, et les moyennes en avaient été de + 11°.2 et + 6°.1. Dès le 22 novembre, la Loire charriait des glaçons à Châtillon. D'après M. Renou, depuis un siècle, quatre mois de novembre seulement avaient été plus froids : ceux de 1774, 1782, 1786 et 1858. Puis, à partir du commencement de décembre, la température s'abaissa progressivement pour atteindre, le 9 décembre au matin, dans le parc de Montsouris, un froid sans précédent, de — 23°.7. On ne trouve, en effet, nulle part, dans aucun document, la trace d'une pareille température réellement observée à Paris. Les deux circonstances analogues que l'on peut rappeler sont celles du 31 décembre 1788, où le thermomètre s'abaissa à — 21°.5, et celle du 23 janvier 1795, où l'on eut — 23°.4. Ce coup de froid extraordinaire ne sévit ni d'une manière simultanée, ni au même degré, sur toute la France. C'est entre Charleville et Paris que, le 9, s'étendait la région du maximum de froid. Cette température extrêmement basse était localisée sur une très petite étendue du continent et même de la France. Dans le Loiret, on observait 25, 26 et même 27°.5 au-dessous de zéro, tandis qu'il ne gelait même pas en certains points du littoral de l'Océan. Bien plus, tandis qu'à Angers la température descendait à — 12 degrés et à Vendôme à — 14 degrés, à la Flèche, presque à égale distance des deux villes, et si rapprochée de chacune d'elles, le thermomètre demeurait constamment au-dessus de zéro.

Les hivers de 1874-1875 et de 1875-1876 furent dans leur ensemble presque aussi rigoureux que celui de 1870-1871, et cependant ils ont passé inaperçus. Ils ont présenté l'un et l'autre, à Paris, une température minima plus basse que celle de 1870-1871, un nombre de jours de gelée bien plus considérable, mais malgré cela une moyenne plus élevée. Les froids se sont étendus sur plus de mois, mais n'ont pas été si continus.

Enfin l'hiver 1878-1879 doit être considéré comme un hiver assez rigoureux. Il a présenté soixante-huit jours de gelée, et la moyenne des trois mois d'hiver est à peine supérieure à celle de 1770-1871. La moyenne des cinq mois froids est même moins élevée pour cet hiver que pour celui de 1870-1871. Le froid, très prolongé, ne fut pas très vif, puisque le minimum de Paris a été de — 8°.6.

Comme phénomènes remarquables de cet hiver, il y a lieu de noter les chutes abondantes de neige dont le sol est resté couvert pendant plusieurs semaines, et la pluie de verglas qui, succédant à la neige, a causé de grands dégâts à la sylviculture, entre le 22 et le 24 janvier. Nous allons nous en entretenir plus longuement.

LIVRE IV

LE GRAND HIVER DE 1879-1880

CHAPITRE PREMIER

LES TEMPÉRATURES DU GRAND HIVER.

L'hiver 1879-1880 a été incontestablement un des plus rudes qui aient jamais désolé la France. Le point à examiner est seulement de savoir jusqu'à quelle époque il faut remonter pour en rencontrer un aussi rigoureux. Il semble, du reste, que dès les saisons précédentes, les influences météorologiques qui déterminent les variations de température aient oscillé d'un extrême à l'autre de l'échelle. Cet hiver si froid avait, en effet, été précédé, à deux ans de distance, par un autre, celui de 1876-1877, tout aussi remarquable, car sa moyenne à Paris surpasse toutes celles que nous connaissons.

Le grand hiver dont nous allons nous occuper a été bien entouré. A en croire un préjugé populaire, un hiver chaud succède d'habitude à un été froid ; pour cette fois, la tradition s'est trouvée singulièrement en défaut. L'abaissement de température qui devait aboutir à des nombres inconnus jusqu'à nos jours, semblait se préparer depuis bien des mois. Toute l'année météorologique 1878-1879 fut, en effet, extrêmement froide.

L'Annuaire de l'Observatoire météorologique de Montsouris

et les articles publiés par M. Angot dans la *Revue scientifique*, vont nous fournir quelques renseignements sur ce premier hiver rigoureux et sur l'été extraordinaire qui l'a suivi. M. Angot écrivait, en avril 1879 : « L'hiver que nous venons de traverser comptera parmi l'un des plus froids qui se soient fait sentir depuis longtemps. Bien que le thermomètre ne soit pas un seul jour descendu à un chiffre exceptionnel, il est resté peu élevé pendant un long espace de temps, de sorte que la température moyenne des mois de novembre et décembre 1878, janvier et février 1879, est une des plus basses qu'on puisse signaler dans ces trente dernières années. »

Si l'on compare les températures moyennes de ces quatre mois, telles qu'elles ont été notées à Montsouris, avec leurs valeurs normales pour Paris, déduites de cinquante années d'observations, on trouve les résultats suivants :

MOIS.	TEMPÉRATURES normales.	TEMPÉRATURES de l'hiver 1878-1879.	DIFFÉRENCES.
Novembre . .	+ 6°.58	+ 5°.0	— 1°.58
Décembre . .	+ 3 .54	+ 0 .9	— 3 .64
Janvier. . . .	+ 2 .32	— 0 .1	— 2 .42
Février. . . .	+ 3 .9	+ 4 .5	+ 0 .6

Le mois de février est donc le seul qui se soit trouvé un peu plus chaud que la température normale. Les trois autres, au contraire, et surtout décembre et janvier, ont été notablement plus froids.

M. Angot termine son étude de l'hiver 1878-1879 par la prédiction suivante, faite un peu au hasard, il faut bien le dire, mais qui devait si tristement être réalisée dès l'année suivante : « Mais il faut ajouter que, suivant toute probabilité, nous aurons encore, sous peu, d'autres hivers analogues. Depuis quelques années, en effet, la température moyenne de la saison froide est notablement plus élevée que sa valeur normale, même en comprenant le dernier hiver dans le calcul de la moyenne. La température de l'été, au contraire, varie beaucoup moins et reste toujours sensiblement ce qu'elle doit être. Or, à moins d'admettre un réchauffement général de notre climat, chose qui ne paraît rien moins que probable, il faut de toute nécessité qu'il se produise, d'ici peu de temps, quelques hivers rigoureux pour compenser l'excès de chaleur de ces derniers temps, et ramener la moyenne à la chaleur que lui ont assignée nos plus longues séries d'observations. Bien que cette perspective n'ait rien de particulièrement agréable, l'hiver dernier sera donc probablement suivi, à courte échéance, d'autres hivers également froids. »

Et, comme pour donner raison à M. Angot, le froid, après s'être reposé un peu pendant les mois de février et mars, est revenu plus extraordinaire en avril, mai, juin et juillet. Pendant les cent vingt-deux jours dont se composent ces quatre mois, dix-huit seulement ont été plus chauds que leur moyenne normale, tous les autres plus froids. Le tableau suivant nous montrera que cette période de l'année a été plus froide encore que l'hiver précédent, comparativement à la température normale.

MOIS.	TEMPÉRATURES normales.	TEMPÉRATURES en 1879.	DIFFÉRENCES.
Avril. . .	+ 10°.17	+ 8°.4	— 1°.77
Mai . . .	+ 13 .89	+ 10 .6	— 3 .29
Juin . . .	+ 17 .24	+ 16 .2	— 1 .04
Juillet . .	+ 18 .69	+ 16 .2	— 2 .49

Il faut remonter jusqu'à l'année 1740 pour trouver un mois de mai aussi froid que celui de 1879, et jusqu'en 1735 pour trouver une moyenne aussi basse pour la période entière des quatre mois. Cette période a été, au point de vue de la température, tout aussi extraordinaire que l'hiver qui devait suivre, et les conséquences ont été tout aussi fatales. La température constamment très basse, le ciel toujours couvert de nuages, les pluies presque journalières, tout cela nuisit aux récoltes, de manière à en rendre quelques-unes à peu près nulles. Car ce fut presque sur toute la France que se produisit ce funeste abaissement de la température de l'été.

Le petit excès de chaleur arrivé pendant les mois d'août et de septembre ne put suffire à réparer le mal, ni à amener la maturité des raisins dans le centre de la France. De plus, cette seconde recrudescence de chaleur ne devait pas être de plus longue durée que la première. Dès le mois d'octobre le froid revenait, plus intense que jamais, et pour une nouvelle période de quatre mois. Le second hiver rigoureux commençait, et il devait laisser bien loin derrière lui celui qui l'avait précédé. Il peut être considéré, dans son ensemble, comme l'un des plus froids qui se soient jamais produits dans nos climats.

Pour ne parler d'abord que de Paris, la gelée commença dès le mois d'octobre, pour devenir âpre et fréquente en novembre, horrible et continue en décembre, et se soutenir encore fort rude pendant toute la durée de janvier. Les premiers jours de février furent encore assez froids, puis, presque subitement, la température s'éleva de telle sorte, que les deux derniers mois de l'hiver, février et mars, ont été aussi remarquables par leur chaleur extrême que l'avaient été les premiers par leur prodigieuse froidure. Un nouveau tableau nous montrera ces froids. Les moyennes que nous donnons pour le mois de cet hiver ne sont peut-être pas exactement celles qui seront publiées bientôt par l'*Annuaire de l'Observatoire de Montsouris*, mais elles ne s'en écartent certainement pas beaucoup. Elles suffiront pour nous montrer les caractères principaux du grand hiver.

MOIS.	MOYENNES normales.	MOYENNES de 1879-1880.	DIFFÉRENCES.	TEMPÉRATURES minima.	NOMBRE des jours de gelée à Montsouris.
Octobre . .	11°.27	+ 10° 6	— 0°.7	— 1	1
Novembre .	6 .58	+ 3 .9	— 2 .7	— 6	12
Décembre .	3 .54	— 7 .4	— 11 .0	— 25.6	28
Janvier . .	2 .32	— 1 .1	— 3 .4	— 11	27
Février . .	3 .91	+ 6 .1	+ 2 .2	— 6	6
Mars. . . .	6 .41	+ 11 .0	+ 4 .5	+ 1	0

Ce tableau nous montre que l'hiver a été caractérisé par une succession, non pas de deux mois, mais de trois mois froids, ce qui est très rare. Aussi, quoiqu'il ait été terminé dès le commencement de février, doit-on le considérer comme un hiver long.

Le mois d'octobre, un peu plus froid que la moyenne normale, n'eut cependant rien de rigoureux. Mais novembre commence la série; on y remarque une température — 6 degrés, qui s'observe bien rarement à Paris dans ce mois. Trois mois de novembre seulement, depuis le commencement du siècle, celui de 1871, celui de 1858 et celui de 1815, furent plus froids.

Puis arrive décembre. Ici nous avons une moyenne absolument extraordinaire de — 7°.4, inférieure de 11 degrés à la température normale du mois. Aucune période de trente jours consécutifs, prise à une époque quelconque de l'hiver, n'a présenté une moyenne aussi basse depuis l'origine des observations météorologiques. Le mois le plus froid du siècle avait été celui de janvier 1838, avec une moyenne de — 4°.6 seulement. Il avait été précédé d'un mois de décembre chaud, et fut suivi d'un mois de février qui ne fut pas très froid. M. Renou, à la suite de calculs qui présentent une suffisante garantie d'exactitude, a admis que les mois les plus froids du siècle dernier avaient été le mois de décembre 1788 et le mois de janvier 1795, dont la moyenne, pour l'un comme pour l'autre, aurait été d'environ — 6°.5. Nous pouvons donc affirmer que, depuis deux cents ans au moins, une pareille série de froid ne s'était pas produite en France, et rien ne nous autorise à supposer que dans les siècles du moyen âge on ait jamais rien observé de tel.

Cette moyenne a été produite par une longue succession de températures extrêmement basses. Voici, pour ce mois, la série des températures minima notées à l'Observatoire de Saint-Maur :

1er	— 8	11	— 8.4	21	— 18
2	— 11	12	— 9.1	22	— 17.5
3	— 13.7	13	— 11	23	— 16
4	— 5	14	— 12.5	24	— 18.5
5	— 7	15	— 12.5	25	— 16.5
6	— 10	16	— 19.8	26	— 8
7	— 15.6	17	— 21.6	27	— 17.7
8	— 17.8	18	— 11	28	— 16.2
9	— 24.2	19	— 13.7	29	+ 2.2
10	— 25.6	20	— 13.8	30	— 0.5
				31	+ 2

Pendant ce mois, la température s'est abaissée huit fois au-dessous de la température la plus basse du grand hiver de 1829-1830. Elle a présenté deux jours de suite des maxima, — 24°.2 et — 25°.6, qui n'avaient jamais été observés à Paris. Il n'en faut pas conclure que le froid n'ait jamais été aussi rigoureux à Paris : les températures de — 21°.5 et — 23°.5, observées en décembre 1788 et janvier 1795, correspondent probablement à des froids aussi vifs. Elles ont été relevées, en effet, près d'habitations, dans Paris même, sur des thermomètres mal exposés, et marquant par suite trop haut. Il est constant toutefois que s'il a fait quelquefois à Paris aussi froid qu'en décembre 1879, du moins jamais n'y a-t-on vu le thermomètre aussi bas.

Il n'est pas sans intérêt de comparer ce rude hiver à ceux

qui l'ont précédé. Notre comparaison ne portera que sur Paris : nous manquerions d'espace et de documents précis pour étendre la comparaison à d'autres points.

M. Renou admet que le grand hiver de 1829-1830 est peut-être le plus grand qu'il y ait eu en France depuis plusieurs centaines d'années. Voilà, en effet, comment il s'exprimait, en 1871, dans une discussion sur l'hiver qui venait de prendre fin : « La moyenne, — 1°.6, de l'hiver de 1830 est plus basse que celle des hivers de 1789 et 1795, plus basse aussi certainement que celle de 1709, et il ne paraît même pas qu'elle ait jamais été notablement moindre dans les hivers les plus rudes, tels que 1408, 1658..., pendant lesquels la Seine a été gelée plus de cinquante jours comme en 1789. »

Donc, d'après M. Renou, l'hiver de 1830 a été, à Paris, plus rude que ceux de 1795, 1789, 1709..., et peut-être aussi de 1658 et de 1408. Il nous suffira par conséquent de le comparer à celui de 1879-1880 pour voir s'il doit conserver son rang. Nous avons, pour l'un et pour l'autre, tous les éléments d'une comparaison rigoureuse.

La moyenne des trois mois d'hiver, décembre, janvier, février, est, pour 1829-1830, de — 1°.6; elle est de 0°.8 pour 1879-1880. En y ajoutant le mois de novembre, qui a été rigoureux dans les deux années, on arrive à un résultat de même sens. Mais ceci prouve seulement une chose : que l'hiver 1829-1830, qui a duré quatre mois, a été plus long que celui de 1879-1880, qui n'en a duré que trois. Dans le dernier, février, très chaud, a considérablement relevé la moyenne. Mais si l'hiver de 1880 a été moins long, il a présenté, en trois mois, une plus grande somme de froid que l'autre en quatre. Du 14 novembre au 6 février, sur un espace de quatre-vingt-quatre jours, il a offert soixante-treize jours de gelée; tandis qu'en 1829-1830, pour trouver ce même nombre de gelées, il faut embrasser un espace de quatre-vingt-dix-sept jours, allant du 16 novembre au 21 février. Et les gelées du dernier hiver ont été beaucoup plus intenses, puisque la somme des degrés comptés au-dessous de zéro dans l'hiver de 1879-1880 a été d'à peu près six cents, répartis en quatre-vingt-quatre jours; tandis qu'en 1829-1830, il n'avait été que de quatre cent soixante-dix-huit répartis en plus de cent jours.

Au point de vue des froids intenses et de leur prolongation, au point de vue des effets nuisibles que ces froids ont pu produire sur la végétation, l'hiver dernier est donc incontestablement plus rigoureux que celui de 1829-1830, et sans doute plus rigoureux que tous les hivers du siècle dernier. Et comme si, pendant cet hiver, tout devait être exceptionnel, il a été terminé par un mois de mars qui n'a pas été moins extraordinaire que celui de décembre. C'est le mois de mars le plus chaud dont il soit fait mention dans les registres des observatoires météorologiques. Non seulement il n'a présenté à Paris aucun jour de gelée, fait qui se produit assez rarement, mais sa moyenne est supérieure de près de 5 degrés à sa moyenne normale. Il a été très notablement plus chaud que le mois de mai 1879, fait qui, non plus, ne s'était pas présenté depuis plus de cent ans.

Allons-nous maintenant rechercher les causes de la rigueur extrême de cet hiver, puis de la chaleur excessive du début du printemps? Il nous faudrait pour cela quitter le domaine des faits pour entrer dans le champ des hypothèses. Il nous faudrait ajouter au tableau des températures celui des pressions barométriques, de la direction des vents, de toutes les circonstances climatériques, pour n'arriver, en fin de compte, qu'à avouer notre ignorance. Nous ne le ferons pas. Disons seulement que les températures très basses ont été, comme cela a lieu le plus souvent pendant les grands hivers, accompagnées de pressions barométriques très élevées, et d'un ciel presque constamment serein. De plus, « Ce régime exceptionnel, dit M. Angot, présentait une autre particularité remarquable : il était spécial aux régions supérieures de l'atmosphère. Le sol semblait recouvert d'une couche d'air froid d'un millier de mètres d'épaisseur au plus; au-dessus, la température était beaucoup plus douce, et non pas seulement d'une manière relative. Le 9 et le 10 décembre, les températures au pic du Midi et au Puy de Dôme étaient à peine égales à celles que l'on observait au pied; dans la seconde moitié du mois, l'inversion devenait complète : au Puy de Dôme, il faisait, le 17 décembre, 17 degrés de plus qu'à Clermont, 20 degrés le 27, et jusqu'à 21 degrés le 22; nous ne citons, bien entendu, que les nombres les plus grands, car la même distribution se reproduisit presque chaque jour depuis le 8 décembre. Au pic du Midi, le phénomène était tout aussi marqué : depuis le 19 décembre jusqu'à la fin du mois, le thermomètre montait chaque jour bien au-dessus de zéro. De pareilles interversions ne sont pas rares; on en signale chaque hiver. »

Nous irons plus loin : non seulement, comme le dit M. Angot, ce phénomène d'interversion n'est pas rare, mais il se produit constamment dans les hivers rigoureux; non seulement il n'est pas l'exception, mais il est la règle des grands hivers. La cause qui produit les grands froids, quelle qu'elle soit, est certainement la même qui amène les pressions barométriques élevées et les interversions de la température. Ces trois phénomènes vont généralement de front.

Point n'était besoin, du reste, pendant l'hiver qui nous occupe, de monter sur les montagnes élevées pour constater l'interversion : on l'a remarquée en bien des points, sur les plus petites collines. Elle s'est produite au Puy de Dôme, au pic du Midi, au mont Néthou, au Righi, à l'Utliberg, au Ballon de Guebwiller. Dans le département de Saône-et-Loire, les habitants des collines souffrirent beaucoup moins que ceux des plaines; dans le Cantal, l'hiver a été très doux; les montagnards des environs de Clermont-Ferrand étaient saisis, lorsqu'ils descendaient à la ville, par un froid contre lequel ils n'avaient pas songé à se prémunir.

Dans les plaines, au contraire, l'hiver présentait à peu près les mêmes caractères qu'à Paris; mais s'il a été en bien des points plus rigoureux que celui de 1829-1830, il est certain qu'il s'est étendu beaucoup moins, et il semble même que, dans certaines régions de la France, il a été moins rude, non seulement que celui de 1830, mais même que celui de 1870-1871. Dans le Cantal, dans l'Ariége, on a eu pendant la plus grande partie de l'hiver une température printanière.

Le midi n'a guère souffert. A Montpellier, la moyenne de décembre est +0°.85, de beaucoup inférieure à la moyenne normale, mais supérieure cependant à la moyenne de janvier 1872. Grâce à la constante sérénité du ciel, l'écart entre la température minima et la température maxima d'une journée a toujours été considérable. Tandis que le matin la température descendait fréquemment à — 8 degrés, — 9, et même — 11, elle atteignait dans l'après-midi + 10, + 12, et même +15 degrés, avec un écart double au moins de celui de Paris. En France, les froids se sont surtout fait sentir dans le centre et dans l'est, et là ils ont été, comme à Paris, plus rigoureux qu'ils ne l'avaient jamais été.

Le froid même augmentait à mesure qu'on allait vers l'est, de sorte que l'hiver, à Nancy, par exemple, a été, proportionnellement au climat de cette ville, tout aussi rude qu'à Paris. Le tableau suivant nous le montrera.

MOIS.	TEMPÉRATURES normales calculées d'après 10 ans d'observations.	MOYENNES pour 1870-1880.	DIFFÉRENCES.	TEMPÉRATURE minima.	NOMBRE des jours de gelée.
Novembre .	+ 4°.06	+ 2 .09	— 1°.97	— 8°	12
Décembre .	+ 0 .88	— 8 .58	— 9 .41	— 22 .4	29
Janvier. . .	+ 0 .78	— 2 .64	— 3 .42	— 16 .0	27
Février. . .	+ 7 .00	+ 3 .05	+ 6 .05	+ 10 .8	11

Nous voyons qu'à Nancy les moyennes ont été plus basses qu'à Paris, mais cependant un peu moins éloignées des moyennes normales. De plus, la température minima de l'hiver n'a été que de — 22°.4, moins froide que celle de Paris. Mais cela tient surtout à ce que les observations du tableau précédent ont été faites dans l'intérieur de la ville, où la température est toujours plus élevée en hiver que dans les champs. Et, en effet, en rase campagne, à la station météorologique de Bellefontaine, tout près de Nancy, le minimum du 8 décembre a été de — 30 degrés, température observée scientifiquement, comme cela a lieu pour les observations parisiennes, c'est-à-dire avec un bon thermomètre placé sous abri. Les moyennes de la station de Bellefontaine sont certainement beaucoup plus basses que celles de Nancy.

A Logelbach, près de Colmar, la moyenne de décembre a été — 8°.7, et celle de janvier — 4°.1.

Voici, pour terminer, une liste de quelques-unes des températures les plus basses observées en divers points de la France pendant cet hiver ; elles se sont presque toutes produites dans le voisinage du 9 décembre.

Charolles	— 24 degrés.
Melun.	— 25
Joigny (Yonne)	— 27
Chaumont	— 27
Soissons.	— 28
Orléans	— 28
Toul	— 29
Monceau-les-Mines	— 29
Près de Nancy	— 30
Autun.	— 31
Langres	— 33

Dans les Vosges, on aurait même observé la température de — 35 degrés. Même en ne tenant pas compte de cette dernière observation, nous voyons que le minimum de Langres, — 33, est le plus bas qui ait jamais été cité pour la France. La plus froide température observée jusqu'à ce jour avait été de — 31 degrés à Pontarlier, en 1794. Dans cette ville même, ce froid a été dépassé le 8 décembre 1879.

Pendant que l'hiver faisait rage en France, l'Amérique présentait, au contraire, un grand excès de température; l'Angleterre continuait à jouir de son climat insulaire ; c'est à peine si l'on pouvait y patiner sur les petits lacs. Mais à l'est de notre pays, le froid allait en augmentant : en Belgique, en Hollande, en Allemagne, en Russie, en Italie même et en Grèce, l'hiver était rude.

CHAPITRE II

1879. LA NEIGE, LE VERGLAS ET LA PRISE DES RIVIÈRES.

L'année 1879, qui devait, comme nous l'avons vu, présenter pendant toute sa durée des températures anormales, débuta par un phénomène presque unique, par un prodigieux verglas. Le verglas est connu de tous; mais personne n'en avait encore vu de comparable à celui de janvier 1879.

Presque chaque année, il arrive qu'une pluie fine tombant sur le sol s'y solidifie instantanément et le recouvre d'une couche uniforme de glace, dangereux et glissant vernis qui disparaît bientôt : c'est le verglas. Cette couche est généralement de très faible épaisseur; elle se borne à entraver, pendant quelques heures, la circulation : aussi les physiciens ne s'étaient pas préoccupés, jusqu'à aujourd'hui, de son mode de formation. Ce mode semblait bien simple, et on admettait, sans examen, que l'eau tombant à une température supérieure à zéro sur un sol fortement glacé par les froids antérieurs ou par l'effet du rayonnement nocturne, se congelait immédiatement. Bientôt le sol réchauffé par le contact de l'eau, réchauffé aussi par le fait même de la congélation, se mettait en équilibre de température avec l'eau; la formation du verglas cessait, et la mince couche se fondait même rapidement. On admettait ainsi que la couche de verglas ne pouvait jamais devenir épaisse, et qu'elle ne se formait que par des températures supérieures à zéro degré.

Tout cela est vrai le plus souvent; mais le phénomène qui se produisit le 22 janvier 1879 a montré que l'explication que nous venons de donner ne peut s'appliquer à tous les cas. Il résulte des observations de nombreux savants, et notamment de celles de MM. Godefroi, Piébourg, Decharme, Colladon..., que, le 22, le 23 et le 24 janvier 1879, il est tombé de l'eau liquide quand la température extérieure était de — 2 degrés, — 3 degrés, et même — 4 degrés; c'est-à-dire inférieure à celle de la formation normale de la glace. Cette pluie était donc à l'état de surfusion. Arrivée sur le sol également très froid, cette eau se solidifiait immédiatement, comme le fait tout liquide en surfusion auquel on fait subir une agitation ou un choc, et il se formait un verglas dont l'épaisseur pouvait augmenter indéfiniment.

Déjà, à plusieurs reprises, depuis le commencement du siècle, on avait observé des pluies par des températures inférieures à zéro; mais on n'avait pas attaché d'importance à ce fait, qui n'avait produit aucun phénomène frappant. Il devait en être autrement en janvier 1879; la formation du verglas y prit presque, en effet, le caractère d'un fléau pour la sylviculture.

On ne trouve dans aucun document la preuve qu'aucun verglas ait jamais produit des dégâts comparables à ceux que nous allons enregistrer. Arago, dans sa Notice sur les grands hivers, n'en cite qu'un seul, celui de 1498-1499, dans lequel on ait eu des pertes sérieuses dues à l'action du verglas. Voici ce passage, extrait, au moins pour le fond, de la *Chronique* de Jean Molinet : « Les frimas de cet hiver se présentèrent dans le Hainaut sous une forme tout à fait insolite. Il tomba, dans la nuit de Noël, une grêle très forte, mêlée de pluie, qui fut immédiatement saisie par la gelée et forma une rivière de glace polie. Vint ensuite une neige abondante, « tellement que le tout, » dit le chroniqueur, congéré et entremeslé ensemble, causèrent » une glace dure comme pierre. » Les arbres, ne pouvant supporter un tel fardeau, « furent esbranchez et desbrisez par » grands esclas » ; les branches qui résistèrent, agitées par le vent, formaient un bruit « à manière du cliquetis de harnois d'armes. » Cette singulière gelée dura douze jours, et quand vint le dégel, des pièces de glace énormes tombèrent des clochers et endommagèrent les nefs et les chapelles des églises. »

Le verglas extraordinaire de janvier 1879 dut être semblable à celui-là. Il causa d'immenses dégâts dans la sylviculture. Un météorologiste distingué, M. Angot, les a rapportés très exactement : « Sur une longue bande étroite, s'étendant du nord-est au sud-ouest, le désastre fut immense; tel qu'on peut difficilement se le figurer. Tous les objets, le sol, les arbres, les plus petits brins d'herbe, étaient recouverts d'une couche de glace, qui atteignit deux centimètres d'épaisseur. Sur les fils télégraphiques, le diamètre de l'enveloppe glacée arrivait à 38 millimètres; une petite branche, du poids de sept grammes, portait 193 grammes de glace. Sous une surcharge aussi grande, bien peu d'arbres pouvaient résister, et beaucoup étaient rompus ou déracinés. Dans la forêt de Fontainebleau notamment, les dégâts furent incalculables : à certains endroits, on aurait dit une forêt mitraillée. Les routes restèrent longtemps coupées par des troncs d'arbres qui les jonchaient, et, dans la région envahie par le fléau, toutes les lignes télégraphiques furent détruites. »

M. Louis Figuier, dans *l'Année scientifique,* écrit : « Dans les bois et dans les forêts des environs de la Chapelle-Saint-Mesmin, le phénomène du verglas eut des conséquences désastreuses. Le poids des branches recouvertes de glace augmenta de plus en plus. Dès la première nuit, plusieurs furent brisées. Dans la soirée du second jour, le phénomène prit des proportions effrayantes. Toute la nuit, les craquements se succédèrent avec une rapidité toujours croissante. Le lendemain matin, les branches arrachées et brisées jonchaient le sol; des arbres entiers gisaient déracinés; d'autres, et des plus grands, étaient fendus en deux depuis le sommet jusqu'à la base. Le plus grand nombre étaient entièrement dépouillés de leurs branches, de sorte que certaines régions boisées simulaient assez bien les abords d'un bassin à flot hérissé de mâts. »

D'après des documents officiels, on peut évaluer à deux cent mille stères le volume des bois brisés par le verglas dans les forêts domaniales du seul département de Seine-et-Marne. Il aurait été presque impossible d'y retrouver un seul bouleau intact. L'œuvre de la restauration de la forêt de Fontainebleau s'est trouvée retardée de trente ans. La forêt de Villeformoy (Seine-et-Marne) ressemblait à une immense exposition de cristallerie. « Rien de plus saisissant, dit un témoin oculaire, que l'immobilité et le silence qui pesaient sur la forêt, brusquement troublés de temps en temps par l'effroyable fracas des bris d'arbres. »

M. Jamin, dans *la Revue des Deux Mondes*, raconte des effets bien curieux de ce verglas : « Les animaux n'ont pas été plus épargnés que les plantes; des alouettes ont été fixées au sol, rivées dans le verglas par les pattes ou par la queue. Dans la Champagne, on trouva des perdreaux gelés, debout dans un linceul de glace ; et l'on ne peut s'empêcher de comparer cet ensevelissement glaciaire à celui qui, aux époques géologiques, a surpris les mastodontes qu'on retrouve aujourd'hui sur les bords de la Léna. Eux aussi se présentent debout, le nez en l'air, serrés dans un vêtement de glace, non de neige, comme s'ils avaient été surpris par un immense verglas. Cette hypothèse est aussi plausible que celle du tourbillon glacé qu'on a imaginé pour expliquer leur ensevelissement. »

Le verglas si extraordinaire du 24 janvier 1879, phénomène presque unique jusqu'alors, devait se reproduire aussi désastreux, à quelques mois de distance, au début de la période des grands froids du mois de décembre de la même année. Sur une grande partie de l'Europe, la neige tomba dans la nuit du 3 au 4 décembre; cette chute de neige fut suivie dans un grand nombre de régions, et principalement dans l'ouest de la France, d'une pluie glacée qui recouvrit tout d'une immense couche de verglas. Dans la nuit du 4 au 5, une effroyable tempête de neige, pendant laquelle tous les éléments semblaient déchaînés, vint cacher la glace qui recouvrait le sol et déterminer le rupture de nombreux arbres trop fortement chargés. Sous l'action du verglas, toutes les maisons se recouvrirent d'un vernis luisant qui avait quelquefois plus d'un centimètre d'épaisseur, qui rendait les vitres presque opaques, et soudait si bien les fenêtres qu'on ne pouvait les ouvrir. Puis, quand vint l'ouragan, la neige, fine et sèche, pénétrait entre les ardoises des toits et remplissait les greniers les mieux clos.

M. Demoget a donné, au journal *la Nature*, une description du verglas du 4 décembre à Nantes : « Le mercredi 3 décembre, dit-il, le ciel resta couvert, et la journée fut très froide ; vers sept heures du soir, la neige commença à tomber ; et le lendemain jeudi la terre en était complètement couverte. Mais, vers huit heures du matin, la neige se changea en une pluie glacée par un vent d'est assez violent et très froid. Dans la journée, la pluie se congelait en partie, se fixait aux divers objets qu'elle rencontrait, et formait bientôt une couche épaisse de verglas recouvrant toute la végétation. Vers le soir, sous le poids de la couche glacée, les branches d'arbres commencèrent à se rompre. Enfin, pendant la nuit, une tempête de neige, chassée par un fort vent d'est, vint encore aggraver la situation. Un grand nombre d'arbres surchargés par le verglas et la neige se brisèrent. Les ormes des promenades publiques et ceux bordant les routes, moins solidement charpentés, furent les plus maltraités. En général, les arbrisseaux et les arbres à basse tige résistèrent beaucoup mieux, parce que les stalactites de glace, en se soudant aux parties inférieures de la plante, consolidèrent les branches jusque sur le sol et empêchèrent leur rupture. Toute la plante était emprisonnée sous une charpente glacée, qui reliait et soudait toutes les branches et les feuilles entre elles. Le vendredi 5 décembre, le ciel étant très pur, le soleil vint augmenter la beauté du phénomène, en faisant scintiller cette splendide végétation de cristal. C'est la deuxième fois pendant l'année 1879 que ce rare phénomène météorologique se produit. »

La campagne de Nantes n'était pas seule éprouvée ; on écrivait, de Saint-Georges-sur-Loire, à *l'Union de l'Ouest* : » Une pluie glaciale est tombée toute la journée du 4, se congelant au fur et à mesure ; et, vers le soir, les arbres étaient revêtus d'une couche de verglas d'une épaisseur extraordinaire. De tous côtés on voyait les branches cédant sous ce poids énorme s'incliner vers la terre ; quelques-unes se brisaient ; cependant, si le temps restait calme, on pourrait espérer que le mal ne serait pas trop grand. »

Mais le temps ne resta pas calme, la tempête ne tarda pas à se déchaîner. « Quelle nuit ! A chaque instant, au milieu des hurlements de la tempête, on entendait des décharges d'artillerie, suivies de véritables feux de file. C'étaient les chênes centenaires, les ormes, les frênes, qui s'abîmaient sous la rafale, tandis que les jeunes arbres se brisaient net par la moitié ! Vers le matin, le calme se rétablit ; mais le mal était fait, il dépassa même les prévisions. Le jour, en se levant, éclaira une scène de désolation. Le sol jonché de débris, les arbres déchirés, brisés de haut en bas, les peupliers surtout n'ayant plus de cime, plus de branches, nus comme des poteaux de télégraphe ; à moins de l'avoir vu, rien ne peut donner une idée de ce spectacle lamentable. Tous les parcs du pays, Serrant, l'Épinai, la Cauterie, la Bénaudière, le Pin, Laucran, le Chillon, etc., sont littéralement ravagés. Il faudra dix ans pour réparer le désastre d'une nuit, et encore bien des dégâts sont-ils irréparables. »

Le verglas a été localisé, mais la neige couvrit une grande partie de l'Europe. « En même temps, une chute abondante de neige recouvrait la France, interrompant toutes les communications : aux environs de Paris, l'épaisseur de cette couche atteignit en moyenne vingt-cinq centimètres. La neige reprit un instant le 8, ajoutant une nouvelle couche de plus de dix centimètres à la première; de sorte qu'il s'accumula sur le sol, du 4 au 8 décembre, une couche d'eau gelée qui, fondue, ne correspondait pas à moins d'un volume de quarante-cinq litres d'eau par mètre carré de surface. » Quoique cette abondance n'eût rien d'extraordinaire, elle suffit pour causer de graves accidents, tels que l'effondrement du marché Saint-Martin, et pour arrêter la circulation pendant plusieurs jours. »

Nous n'avons pas à discuter ici les moyens employés pour débarrasser le sol de cette couche encombrante. Disons seulement que ceux qui ont préconisé l'emploi de la vapeur surchauffée pour fondre la neige des rues n'ont fait que prouver l'ignorance absolue dans laquelle ils sont des plus simples notions de la physique. Une grande locomotive routière, capable de brûler 70 kilogrammes de charbon par heure, aurait pu, étant donnée l'épaisseur de neige qui se trouvait sur le sol de Paris, nettoyer 50 mètres carrés de chaussée par heure. A ce chiffre, 1000 locomotives auraient à peine, en un mois, terminé leur besogne.

En province, la neige était par régions beaucoup plus abondante qu'à Paris. Dans le centre et le nord, elle atteignait une hauteur tout à fait insolite. A Joigny, dans l'Yonne, il y en avait plus de 50 centimètres. Dès le 1er décembre, il y en avait 30 centimètres dans les rues de Valenciennes, et il devait en tomber beaucoup encore. A Laval, on observait 50 centimètres de neige. A Bapaume, au milieu de décembre, il y eut en certains endroits 1m.60 de neige : le courrier dut, au péril de sa vie, porter sur son dos le sac des dépêches.

Près de Cambrai, des villages bloqués par les neiges demandent des secours et des vivres. Dans les Ardennes, des villages entiers étaient ensevelis, et demeuraient pendant plusieurs jours isolés du reste du monde, dans une détresse affreuse, sur le point de manquer complètement de pain. Les moulins ne pouvaient plus moudre, la farine manquait, tout gelait dans les maisons.

Dans certaines parties des Vosges, la neige, poussée par le vent, comblait les vallées, et s'amassait en masses de 10 mètres d'épaisseur. Sur divers points, nombre de gens étaient ensevelis sous la neige et périssaient misérablement. Les transports étaient devenus presque impossibles, et, près de Cambrai, les cultivateurs imaginaient d'employer des traîneaux grossiers pour leurs transports.

A l'étranger il y avait aussi de grandes neiges. A Naples, les trains étaient arrêtés par les grandes accumulations de neige.

Dans les montagnes, au contraire, de même qu'il y avait peu de froid, il n'y avait guère de neige. Les habitants du Causse de Chanac étaient obligés, faute d'eau et de neige, de faire un très long parcours pour aller chercher dans le lit du Lot de gros blocs de glace qu'ils charriaient à la ferme, et qu'ils faisaient fondre au fur et à mesure pour les besoins du ménage et pour abreuver les bestiaux. Le 14 décembre, le général Nansouty télégraphiait plaisamment à un ami, du haut du pic du Midi : « Nous sommes en détresse ; nous ne trouverons bientôt plus assez de neige pour faire l'eau pour le thé et la soupe. Apportez-nous de la neige si Paris en a assez. »

C'est à la suite de cette grande chute de neige que se produisirent les froids extraordinaires de l'hiver. Les phénomènes de congélation de divers liquides, cités toujours par les historiens comme caractérisant les grands hivers, ont été observés alors dans un grand nombre de localités. L'eau, en maints endroits, s'est gelée au fond des puits ; l'eau-de-vie, exposée à l'air, s'est prise en une masse solide ; le vin a pu être coupé à la hache. A Verneuil, département de l'Eure, le vin gèle dans les caves, cinq cents bouteilles de vin sont brisées. Dans le Berry, au fond d'une cave bien close, plusieurs centaines de bouteilles de vins fins éclatent par l'effet de la gelée.

Dans le département de Saône-et-Loire, tout gèle dans les maisons. Dans plusieurs départements, toutes les provisions qui n'étaient pas enfermées dans des caves très profondes étaient totalement perdues.

Dans des chambres à feu, l'eau se gelait dans les carafes pendant la durée du repas. La rapidité de la congélation devenait extrême quand l'eau était placée à l'extérieur. Au milieu du mois de janvier, le feu se déclare dans la caserne d'artillerie, à Orléans, au milieu de la nuit. Pendant deux heures il est impossible de manœuvrer les pompes, les conduites d'eau étant gelées. La température était cette nuit-là de — 18 degrés. L'eau qui tombait sur les murs se solidifiait et formait au-dessous des poutres des stalactites de glace. Les pompiers étaient recouverts d'une épaisse couche de verglas. Les conduits d'alimentation des pompes ont été tellement avariés que l'administration municipale a dû consacrer un important crédit à leur réparation.

M. Déleveaux, professeur au lycée d'Orléans, a profité de ces basses températures pour refaire l'expérience de William. Le 17 décembre, il a rempli d'eau un obus de 95 millimètres de diamètre. Il l'a placé en plein air, et le lendemain l'a trouvé cassé. Les vases rompus par suite de la gelée ont été très nombreux, même dans les appartements qui semblaient le mieux à l'abri des accidents de cette nature. Le journal *la Nature* donnait le curieux spécimen, d'après une photographie, d'un effet de congélation sur une bouteille contenant une solution faible de nitrate d'argent. Le bouchon avait été soulevé, dans un placard de laboratoire, à une grande hauteur par une colonne de glace sortie du goulot.

Dès le début du mois de décembre, les fontaines publiques

de Paris présentaient, par suite de la formation des glaces, l'aspect le plus agréable. Les lions de la fontaine Saint-Michel étaient notamment d'un magnifique aspect. Sur la place de la Concorde, les statues qui décorent les fontaines étaient enveloppées dans d'immenses blocs de glaces dont elles formaient en quelque sorte le noyau.

Mais c'est surtout la prise des cours d'eau qui nous présente des faits dignes d'attention. Dès le mois de novembre, la Néva avait été prise. A Saint-Pétersbourg, les glaçons emportaient treize bateaux et plusieurs débarcadères. Des paquebots partis de Cronstadt avec trois cents passagers étaient entourés par des masses de glace flottante et jetés sur un banc de sable.

Dès les premiers jours de décembre, toutes les rivières du nord et du centre de la France étaient couvertes de glaces épaisses. La congélation s'était produite, pour certaines rivières, précisément à l'époque de la chute des neiges, et il en était résulté des effets singuliers. A la Flèche, sur le Loir, la neige, chassée par le vent sur la glace encore très faible, s'y était entassée en grande quantité. La glace, cédant sous le poids, ne tarda pas à s'enfoncer avec son fardeau, et la rivière se reprit par-dessus. Quinze jours après, nous avons encore pu constater, en brisant la glace, qui avait pris une épaisseur de 40 centimètres, que la neige était encore là. L'accumulation était telle qu'elle allait, sur les bords, jusqu'au fond, à plus d'un mètre. Cette neige était spongieuse : l'eau, à zéro degré, qui l'imprégnait, était impuissante à la fondre.

Le 8 décembre, le Sund charriait des glaçons et Copenhague était bloqué par les glaces. La navigation de l'Escaut était interrompue. Bientôt la Seine et la Loire se prenaient dans toute leur étendue, puis la Saône et une grande partie du Rhône. Les plus anciens riverains n'avaient jamais vu autant de glace sur le Rhône : il était gelé d'une rive à l'autre sur une longueur de plus de 60 kilomètres à partir d'Arles. Cependant, en 1830, on avait pu passer en voiture sur la glace de Tarascon à Beaucaire; on ne le fit pas en 1879. Sur le Lot, à Espalion, la glace avait 50 centimètres d'épaisseur; la rivière avait été prise le 30 novembre, et le 22 janvier, jour de la foire, tout le monde la traversait encore; on y jouait aux quilles, on y faisait de la photographie. Le canal du Midi, de Toulouse à Cette, était entièrement gelé au commencement de décembre.

Bien plus, tandis que le froid épargnait presque le sud-ouest de la France, il gagnait l'Italie. L'Arno se gelait à Florence; le Pô pouvait être traversé en tous sens; la mer se prenait en partie à Venise.

A mesure que le froid se prolongeait, l'épaisseur de la glace devenait plus grande, et on pouvait circuler librement sur les lacs et sur les fleuves. En certains points il y eut sur la Loire 70 centimètres de glace. A Vichy, sur l'Allier, les grosses voitures de roulage circulaient comme sur une route. A Mayence, sur le Rhin, les diverses corporations d'ouvriers installaient des ateliers. Un tonnelier, aidé de ses ouvriers, fabriquait, le jour de Noël, deux grands tonneaux sur la glace; ces tonneaux, destinés à un commerce de vins de Mayence, portent une inscription mentionnant le fait. En même temps, des maréchaux ferrants, des cordonniers, s'établissaient sur le Rhin; on installait une grande boucherie.

Le dégel de la fin de décembre devait rendre la vie à presque tous ces cours d'eau. Mais un grand nombre ont été, pour la seconde fois, repris en janvier.

A Paris, dès la première quinzaine de décembre, de nombreux promeneurs ne tardaient pas à descendre sur la Seine, malgré la défense de l'autorité. La glace, qui atteignit bientôt, en tous points, plus de 40 centimètres d'épaisseur, aurait été capable de porter les plus grands fardeaux. Les glaces sur lesquelles se lancèrent les hussards de Pichegru, le 20 janvier 1795, pour aller prendre d'assaut la flotte hollandaise, n'étaient pas plus épaisses. Lorsque, en 1657, Charles X, roi de Suède, fit traverser la Baltique sur la glace à toute son armée; lorsque, en 1458, une armée de quarante mille hommes campa sur le Danube, les glaces n'avaient pas non plus une solidité plus grande.

Aussi le jeudi, jour de Noël, la Seine était-elle couverte de patineurs : dans la nuit, on y organisait une nombreuse promenade aux flambeaux.

Pendant que la Seine était ainsi prise à Paris, les rues recouvertes d'une couche glissante de neige durcie, les promenades et surtout les transports de marchandises étaient devenus extrêmement difficiles. Aussi le patinage et la course en traîneaux prenaient une extension extraordinaire. Des commerçants avaient songé à faire leurs transports à l'aide de traîneaux, et les gens riches adoptaient, pour leurs promenades, ce mode de locomotion. Aux Champs-Élysées, on comptait un traîneau pour cinq voitures. Nous avons vu qu'au surplus ce divertissement n'était pas nouveau en France.

Dans l'Europe centrale, les grands lacs se prenaient presque tous. Ils ne se gèlent presque jamais, et seulement après une longue suite de jours extrêmement froids. Aussi leur congélation se produisit-elle seulement au mois de janvier.

Le lac Trasimène, près de Pérouse, le lac de Zurich, celui de Zirknitz, en Carniole, plusieurs grands lacs de la haute Autriche, purent être traversés sur la glace à la fin de janvier. Le lac de Neuchâtel était pris au commencement de février. Ce fait ne s'était pas produit depuis 1830 : une gravure, aujourd'hui rare et très recherchée des amateurs, avait consacré le souvenir de cet événement. Au commencement de janvier, le lac de Genève était en partie couvert de glace, au moins sur les bords. La résistance de la glace était telle en février sur le lac de Constance, qu'on y installa, à Bregenz, une imprimerie. Là, on tira un numéro unique de la *Gazette du lac*

1879. — Le Rhin.

de Constance, contenant une chronique sur le froid et l'historique des congélations du lac. A l'occasion de ce rare événement, qui ne s'était pas produit depuis 1830, on donna de grandes fêtes sur la glace, accompagnées de brillantes courses en traîneau.

Sur la Seine en décembre 1879.

CHAPITRE III

LE DÉGEL ET LES DÉBACLES.

Cependant à Paris on songeait à la débâcle, et on tâchait d'en atténuer les effets, si souvent désastreux. Nous avons vu qu'en 1768 Déparcieux avait indiqué un moyen d'empêcher la prise de la Seine à Paris : en 1879, pas plus que dans les grands hivers précédents, on n'avait songé à essayer ce moyen ; il fallait donc briser la glace pour que le courant se trouvât libre au moment du dégel. En 1830, on avait tenté sans succès d'employer la poudre pour faire partir les glaçons ; on espérait obtenir de meilleurs résultats avec la puissante substance explosible que nous avons maintenant à notre disposition. Des cartouches renfermant 250, 300 et 400 grammes de dynamite étaient placées sous la glace et allumées avec des mèches. Les débris, projetés à une grande hauteur, retombaient dans l'eau et pouvaient être emportés par le courant. Chaque cartouche pouvait disjoindre 150 mètres carrés de glace. On eut alors l'espérance de rendre complètement libre le cours du fleuve dans la ville, et de faciliter ainsi l'écoulement des glaçons lors du dégel. Ces efforts n'ont pas été tout à fait vains, et peut-être ont-ils empêché des dégâts plus grands que ceux que nous avons à enregistrer.

Le dégel arriva, en effet, assez vite et très brusquement. Le 28 décembre, la température s'éleva avec une rapidité inouïe de —15 degrés à +3. En même temps, une épouvantable tempête remplaçait, sur une partie de l'Europe, le calme absolu des jours précédents. D'après les observations du docteur Robert Grant, de l'université de Glasgow, la vitesse du vent était, dans cette ville, à sept heures du soir, de 115 kilomètres à l'heure. C'est à ce moment que, sous l'action de cet ouragan terrible, se produisit l'épouvantable catastrophe du pont de la Tay. Ce pont, entièrement métallique, qui reliait Dundee à Édimbourg, avait plus de trois kilomètres de longueur : il avait été terminé seulement en 1875, et ses constructeurs, fiers à juste titre de cette œuvre merveilleuse, avaient cru pouvoir affirmer que la tempête la plus furieuse ne produirait pas la moitié de l'effort nécessaire pour renverser les piles. Le plus terrible accident qu'ait à enregistrer l'histoire des chemins de fer devait donner un triste démenti à cette affirmation. Laissons la parole à M. Walker, directeur du chemin de fer North British :

« D'après les rapports qui nous ont été faits sur le terrible malheur survenu au pont de la Tay, il paraît que plusieurs des grosses traverses du pont ont été précipitées dans la rivière, en même temps que le dernier train venant d'Édimbourg, hier au soir, 28 décembre, vers sept heures et demie. Il y avait, je déplore profondément d'avoir à le dire, près de trois cents voyageurs dans le train, sans compter les employés de la compagnie qui en faisaient le service.

» Les premières nouvelles de l'accident, transmises à Dundee, n'y provoquèrent qu'un sentiment d'incrédulité, tant la catastrophe paraissait effroyable : ce sentiment ne tarda pas à faire place à une consternation profonde.

» Le train, qui était parti d'Édimbourg dimanche, à quatre heures quinze, était composé de quatre wagons de troisième classe, un de deuxième et un de première classe, un fourgon de bagages, et la machine; en tout huit véhicules.

» Le train avait quitté Burntisland à l'heure réglementaire, et, à toutes les stations du Fifeshire, la même régularité s'était maintenue en prenant des voyageurs dans les principales gares. A celle de Saint-Fort, le train avait juste cinq minutes de retard. Il fut signalé à partir de là au garde-barrière de l'extrémité méridionale du pont, qui transmit le signal à son collègue de l'extrémité nord, et de là à Dundee. En ce moment, un vent des plus violents, véritable ouragan, faisait rage ; et, à peine une minute ou deux après la communication télégraphique d'une extrémité du pont à l'autre, le pont s'écroula subitement. On crut d'abord que le train avait pu rétrograder, et l'on essaya de s'en assurer en se mettant en communication avec la rive du Fifeshire de la Tay. Mais les employés de la Compagnie durent enfin se rendre à l'évidence et reconnaître que le train avait été précipité dans la rivière.

» Le vapeur qui, parti à onze heures du soir, eut toutes les peines du monde à arriver sur le théâtre de la catastrophe, y parvint au moment où la lune commençait à se cacher derrière d'épais nuages. Ceux qui le montaient purent néanmoins s'assurer que, sur une longueur de mille mètres, tout avait cédé. Il n'y restait pas même un simple bout de barre de fer. C'était une grande ouverture béante, où quelques extrémités de poutres passaient seules de chaque côté ! Au milieu de l'obscurité, les passagers du steamboat crurent distinguer des êtres humains sur l'une ou l'autre des deux berges, mais c'était une illusion d'optique; la rivière n'avait rien rendu, et ce que l'on avait pris pour des hommes, c'étaient des bouts de câble restés fixés aux culées maçonnées du pont.

» On se perd en conjectures pour expliquer comment treize massives traverses ont pu être enlevées si complètement qu'elles n'ont laissé aucune trace. L'explication la plus plausible paraît être celle qui attribue leur rupture à la pression latérale exercée par le vent, au moment où le poids du train en exerçait une verticale et provoquait des vibrations qui ont été contrariées par l'action opposée simultanée de l'ouragan. Dans cet état de choses, quelque partie plus faible ayant cédé, la lourde masse du train aura accéléré la rupture totale. Une chose surprenante, c'est que le bruit d'une chute pareille n'ait pas été entendu dans le village, probablement à cause de la violence du vent. En somme, il n'est resté du pont que les fondations en pierre et une partie des culées en maçonnerie encore garnies de bouts de montants en fer. »

Telle fut cette catastrophe sans exemple, dans laquelle trois cents personnes ont trouvé la mort. Bien peu de cadavres ont pu être retrouvés.

Cependant, à Paris et dans presque toute l'Europe, le dégel commençait. La terre, fortement durcie par la gelée, était presque imperméable, et l'eau provenant de la fonte des neiges glissait rapidement à sa surface pour aller grossir les rivières. Les eaux de la Seine, montant rapidement, déterminèrent bientôt la rupture bruyante des glaces. Le 2 janvier, la débâcle commença; le 3, elle atteignit sa plus grande intensité. Le fleuve entier fut bientôt couvert de glaçons accumulés, entassés pêle-mêle, descendant le courant avec une rapidité vertigineuse. De nombreux débris étaient ainsi charriés : bateaux, tonneaux, poutres, arbres, pans de murs, on voyait de tout sur cet immense radeau de glace. Et tout cela frappait les piles des ponts avec une telle force que le sol en tremblait.

Et cependant le fleuve monte toujours; malgré les plus grands efforts, les ponts sont en grande partie obstrués, les quais submergés : on craint un moment un immense désastre. Heureusement il devait nous être épargné. Le pont des Invalides seul ne put résister au choc. Il était en réparation depuis plusieurs mois, et l'on avait construit en avant une passerelle de bois pour la circulation des piétons. Cette passerelle ne tarde pas à être emportée, et ses débris, encombrant les arches, déterminent la rupture du pont lui-même. Le 6, tout danger d'inondation avait complètement disparu.

En somme, cette débâcle fut une des moins désastreuses de celles qui eurent Paris pour théâtre. Elle se bornait à des dégâts matériels, dont l'état estimatif a fixé la valeur, pour l'intérieur de Paris, à 3 500 000 francs. Dans les banlieues, les dégâts furent plus grands : à Villeneuve, à Choisy-le-Roi, à

Alfort-Ville, il y avait eu plus d'un mètre d'eau dans les rues. Tout cela est beaucoup, mais bien peu à côté de ce que l'on avait à craindre, bien peu à côté des désastres rapportés par l'histoire.

Les glaces n'arrivèrent que lentement dans la basse Seine. Elles furent d'abord arrêtées à Meulan par le pont de la ville. Elles s'y accumulèrent en quantité si considérable qu'elles arrivèrent à la hauteur des poteaux télégraphiques. Puis cette muraille immense finit par céder, et le torrent, franchissant le pont, se précipita sur l'écluse. Il n'y eut que des accidents de bateaux. Ce fut le dernier incident de la débâcle de la Seine.

Malheureusement, tous les riverains des grands fleuves ne devaient pas en être quittes à si bon marché, et diverses débâcles, surtout dans le centre de l'Europe, furent bien autrement funestes.

En Hongrie, dès le 15 décembre, il y eut de grandes inondations, et les glaces causèrent de grands dégâts.

Au commencement de janvier, la Moselle inonde la ville de Metz, et les glaces font de grands ravages; le Rhin emporte en divers points les remblais du chemin de fer. La Meuse présente à Liège un spectacle terrible et grandiose : les glaçons, en se choquant les uns contre les autres, produisent un bruit effrayant; une terrible inondation charrie des épaves de toutes sortes. A Sarrebourg, la Sarre démolit les ponts, brise les arbres, inonde la campagne, et emporte tout ce qui se trouve sur son passage. Le Danube est plus furieux encore; il inonde complètement l'île de Shutt, près de Presbourg, et ses glaces emportent plusieurs ponts. Près de Cracovie, plus de vingt villages sont ensevelis par le débordement de la Vistule.

Enfin, en France, la Saône au-dessus de Lyon, et la Loire au-dessus de Saumur, furent arrêtées par d'immenses amoncellements de glaces qui donnèrent la plus grande inquiétude. La recharge de Saumur, désormais célèbre sous le nom de glacier de Saumur, s'étendait sur une longueur de douze kilomètres et sur toute la largeur du fleuve, atteignant presque un kilomètre en cet endroit. Elle occupa, passionna l'opinion publique pendant six semaines. La presse en donna les descriptions et les dessins les plus variés, et tint le public au cou-

La débâcle sur le Rhin.

rant de tous les travaux entrepris pour conjurer le péril. L'attention était d'autant plus vive que l'on répétait sur tous les tons que le phénomène était unique, qu'il ne s'était jamais produit en aucun temps et en aucun lieu. Il ne sera donc pas inutile de montrer qu'au contraire les encombrements de glaces sont presque la règle générale des débâcles, et qu'il n'y a de différences que dans la plus ou moins grande importance de l'amoncellement et dans la durée du glacier formé.

Dans les hivers rigoureux et longs, la glace atteint dans les fleuves une épaisseur considérable. Au moment de la débâcle, la rupture ne se produit que difficilement, et les glaçons charriés ont une grande surface, par suite un poids énorme, une force d'entraînement prodigieuse.

Il suffit alors qu'un obstacle, pont, île, bas-fond, se présente, pour déterminer ce qu'on nomme une recharge. Les premiers glaçons sont arrêtés; ceux qui suivent choquent violemment les premiers, se dressent les uns sur les autres, et forment une solide barrière qui augmente de volume à chaque instant. Si l'obstacle est un pont, il ne tarde pas à être emporté, et la débâcle reprend sa marche; mais si l'embâcle est causée par une île, un bas-fond, qui ne peuvent céder, la barricade prend des dimensions importantes : toutes les glaces d'amont se réunissent au même endroit, se soudent les unes aux autres, et forment un tout solide, dont le volume se chiffre par millions de mètres cubes.

Les eaux, arrêtées dans leur cours, s'élèvent à une hauteur anormale. Il se produit de part et d'autre du glacier une différence de niveau de plusieurs mètres; les campagnes voisines sont inondées, dévastées, et souvent le fleuve se creuse, dans les vallées latérales, un lit nouveau qu'il conservera peut être définitivement si les travaux de l'homme ne viennent le déposséder de sa conquête. Suivant l'importance du fleuve, l'épaisseur des glaces, la hauteur des eaux et la durée du dégel, le glacier sera plus ou moins considérable, l'inondation plus ou moins dévastatrice, la débâcle définitive plus ou moins tardive, plus ou moins désastreuse, mais au fond le phénomène sera toujours le même.

Et qu'on ne vienne pas dire que ce sont là de pures spéculations; l'histoire nous montre à chaque instant ces amoncellements de glaces et leurs tristes conséquences. Nous en avons cité un certain nombre, notamment pour les années 1216, 1364, 1789, 1830. Ajoutons-en encore deux ou trois.

En 1840, un engorgement du genre de celui dont nous nous occupons a eu lieu dans la Vistule, à deux kilomètres environ au-dessus de la ville de Dantzig. La rivière, arrêtée par les glaces empilées, s'ouvrit un nouveau cours sur la rive droite. En quelques jours elle se creusa, à travers des collines sablonneuses de douze à dix-huit mètres de haut, un lit profond et large de plusieurs lieues de longueur.

En 1876, le 3 mars, le Danube, arrêté par des glaces qui s'élevaient à une hauteur prodigieuse, causa de terribles inondations et d'immenses dégâts.

Mais notre étonnement redouble quand nous considérons les faits mêmes du grand hiver de 1879. Juste au moment où tous les journaux de France étaient pleins du glacier de Saumur et le déclaraient unique, il se produisait au-dessus de Lyon un phénomène du même genre. Il subsistait aussi longtemps que celui de Saumur, donnait aux ingénieurs les mêmes inquiétudes, en un mot, lui ressemblait de tous points. L'accumulation des glaces, énorme cependant, était seulement un peu moins considérable.

Occupons-nous de ce premier glacier, si dédaigné des chroniqueurs, à cause sans doute de son éloignement de Paris, et nous verrons s'il était en réalité bien différent de celui de Saumur. Nous emprunterons les récits qui suivent aux journaux de Lyon, qui seuls s'entretenaient de ce fait effrayant, dont le reste de la France semblait se désintéresser absolument.

La débâcle de la Saône commença le 2 janvier : les glaces emportèrent d'abord le pont de Taissey (Ain). A Lyon, le mouvement se produisit le 3. Aussitôt après la rupture de la couche de glace le fleuve charrie à pleins bords. Mais il se forme bientôt, en face de l'île Barbe et du pont Serin, un immense amoncellement. Le 5, ces glaces se mettent en mouvement avec un fracas épouvantable, mais elles s'arrêtent de nouveau à Vaise :

là, l'embâcle se reforme avec plus d'intensité. En quelques heures, tout l'espace compris entre Vaise et l'île Barbe est encombré; les glaces, à l'île Barbe, atteignent le pied de la maison éclusière; les glaçons, entassés les uns sur les autres, dépassent, en certains endroits, les parapets des quais. L'aspect de la Saône est saisissant et grandiose : c'est celui d'une véritable mer de glace, mais d'une mer tourmentée, convulsée. Les glaçons, éclairés par un resplendissant soleil, jettent mille lueurs; ceux de provenance du Doubs se reconnaissent à leur couleur bleue très pure. Dans cet enchevêtrement de glaçons immenses, on distingue les formes les plus fantastiques : des pièces de bois, des carcasses de bateaux brisés, des arbres, des débris de toutes provenances, rappellent au sentiment de la réalité; ces traces des malheurs de la veille en font craindre de plus terribles pour le lendemain.

Le 13 janvier, M. Pasquot, ingénieur chargé de la navigation, fait un rapport sur le phénomène. Il dit que sur toute la largeur du fleuve, et sur une longueur de plusieurs kilomètres, la Saône est un véritable glacier. « La glace, ajoute-t-il, a de huit à dix mètres d'épaisseur, et le volume total dépasse certainement cinq millions de mètres cubes. Ce glacier descend jusqu'au fond du lit même de la Saône, et il barre si complètement la rivière, que le niveau de l'eau en amont de cette digue est arrivé à dépasser de 3^{m}.17 le niveau de l'eau en aval. Si cette barre, ajoute le rapport, est soulevée ou rompue brusquement par l'effet du dégel ou d'une poussée venant de la débâcle du haut, la Saône peut monter dans Lyon de deux mètres en quelques minutes. »

En présence d'un semblable péril, des ingénieurs sont envoyés qui se mettent à l'ouvrage. On attaque, d'abord sans grand espoir, la banquise avec la dynamite; dans l'axe on perce un chenal pour permettre l'écoulement des eaux. Du reste, le niveau du fleuve baisse rapidement, et bientôt la surface du glacier présente l'aspect d'une vallée profonde, bordée de montagnes de sept à huit mètres de hauteur. Malgré les doutes d'un grand nombre d'ingénieurs, on travaille avec ardeur; on brûle jusqu'à deux mille kilogrammes de dynamite par jour, les détonations se succèdent sans relâche. Grâce au beau temps, et aussi aux efforts faits, le danger diminue tous les jours. C'est seulement le 15 février que toutes les glaces ont quitté la Saône.

La dynamite, jointe à un temps favorable, avait évité à Lyon, comme elle évitait à Saumur, bien des dévastations. Le moyen que l'on avait employé pour émietter le glacier était-il le meilleur? Beaucoup, et notamment des ingénieurs, avaient proposé de scier les banquises. Ils rappelaient que l'ingénieur Venetz avait sauvé, au commencement du siècle, la ville de Viége, dans le Valais, en sciant une immense banquise de glace qui la menaçait, et derrière laquelle se trouvait un lac qui aurait produit une inondation formidable. Ils rappelaient que l'amiral Pâris avait, lui aussi, utilisé le sciage d'une façon très heureuse, pour maintenir libres ses navires emprisonnés par les glaces du grand lac Léman, du Boug et du Dnieper. L'amiral Pâris, interrogé à ce sujet dans une séance de l'Académie des sciences, avait déclaré que dans une rivière où l'on a un courant pour enlever à mesure les glaçons, il devait y avoir grand profit de temps et de travail à employer la scie. Et cependant la scie n'a pas été employée : c'est que l'épaisseur de la glace était, à Lyon comme à Saumur, de plusieurs mètres, et qu'il semblait impossible de manœuvrer des scies de dimension suffisante; c'est que, presque partout, la glace touchait le fond de la rivière, et que, dans ce cas, le sciage n'aurait produit absolument aucun résultat. Il n'y avait aucune analogie à établir entre la couche de glace sciée par l'amiral Pâris, et les amoncellement que l'on voulait dissiper sur la Saône et sur la Loire.

D'autres ingénieurs proposaient en même temps à l'Académie des sciences un nouveau procédé pour débiter rapidement les glaces de n'importe quelle épaisseur. Ce procédé consiste à poser à la surface de la glace un tube flexible en plomb, de petit calibre, et communiquant au moyen d'un robinet à un générateur mobile de vapeur. Le tube, fondant la glace à sa périphérie, s'enfoncerait à mesure, laissant une tranchée verticale de faible largeur, pendant que l'eau de condensation s'échapperait par l'extrémité opposée restée ouverte. Ce nouveau procédé ne fut pas employé non plus. Il semble impossible, du reste, que les eaux provenant de la fonte de la glace et de la condensation de la vapeur ne se regèlent pas dans la tranchée même, au-dessus du tuyau, si le froid extérieur est un peu vif.

Nous allons voir maintenant que le glacier de Saumur ne différait que par des points de détail de celui qui existait au même moment à Lyon. Il commence à la même époque, ne dure que quelques jours de plus, est favorisé par les mêmes circonstances, attaqué par les mêmes moyens, et se termine de la même manière, sans accident grave. Sa dimension était peut-être double de la dimension du premier.

La débâcle de la haute Loire se signale d'abord par un désastre. Au village de Némant, commune d'Avaine, les glaces, poussées par le courant, coupent, sur une étendue de 300 mètres, le chemin qui longe le fleuve. Il se forme là une première embâcle que l'on détruit par la dynamite; la retenue des eaux avait été telle, qu'en moins de 30 minutes la Loire était montée d'un mètre au pont de Saumur. Les glaces se remettent en mouvement, et bientôt elles arrivent en masse à Villebernier. Sous la poussée de l'eau la surface solide tout entière s'ébranle; les glaçons, serrés les uns contre les autres, sont entraînés par le courant; le fracas sinistre de la débâcle se fait entendre jusqu'à Saumur, semblable à un roulement de tonnerre. Mais, au bout de quelques heures, le transport des glaces cesse tout à coup; elles s'arrêtent au-dessus de Saumur le 9, et s'accumulent en quantité considérable. Entre Saumur et

Emploi de la dynamite aux glaces de la Saône.

Montsoreau il s'établit une différence de niveau de $2^m.50$. Dans le silence de la nuit on entend un bruit confus et uniforme : c'est l'eau qui se heurte contre la banquise et fait chute par derrière. C'est un spectacle grandiose et effrayant. Les glaces s'accumulent de plus en plus, forment bientôt un immense bloc, tout d'une pièce. De l'île Souzay à Montsoreau, sur une étendue de dix kilomètres, tout est couvert ; le courant est intercepté et se fraye un passage du côté de Dampierre, dans une étroite vallée qu'il inonde. L'île de Souzay est presque entièrement couverte par les glaces. Cette île renferme sept fermes ; elles sont bientôt séparées les unes des autres par des courants rapides, et dans deux le pain fait défaut, les fours étant submergés ; de petits enfants ont souffert de ce manque de nourriture. Grâce au travail des pontonniers, cette île est bientôt complètement évacuée. Les hommes et les animaux sont ramenés à terre, non sans de grandes difficultés.

On conçoit les terreurs des riverains. D'une part, le glacier pouvait céder à la violence du courant, se mettre en marche, emporter les ponts de Saumur, s'arrêter de nouveau au-dessous de la ville et déterminer une inondation qui aurait pu détruire des quartiers entiers. D'un autre côté, la levée qui sépare la Loire de la vallée de l'Authion pouvait être emportée par la violence du courant, et plusieurs milliers d'hectares de terrain, un grand nombre de villages, auraient été submergés.

Au bout de quelques jours, les craintes étaient momentanément calmées ; par suite de la baisse rapide des eaux, l'écoulement était devenu facile. C'est alors que de nombreux visiteurs accoururent en foule pour contempler ce spectacle à la fois grandiose et terrible. Les vastes prairies abandonnées par la Loire présentaient un singulier spectacle. Elles étaient pavées d'immenses dalles de glace d'une épaisseur de 40 à 50 centimètres. Tous les arbres, peupliers, bouleaux, saules, étaient brisés, tordus, décapités ; des ravines profondes avaient été creusées par les eaux. Dans le fleuve, sur une longueur de douze kilomètres, c'est véritablement une mer de glace, couverte de débris de toutes sortes. Non seulement les glaçons sont dressés les uns contre les autres, présentant des aspérités à pic, mais encore, au milieu de cette plaine raboteuse, on voit s'élever des collines, se creuser des vallées; en maints endroits le glacier repose directement sur le fond; des sondages indiquent une épaisseur de dix mètres de glace. Partout la surface de la banquise scintille sous l'action des rayons du soleil, présentant les colorations les plus variées; on reconnaît à leur couleur les glaces des différents affluents de la Loire.

Mais ce n'est là qu'un repos momentané. Bientôt le dégel reviendra; la Loire, grossie pour la seconde fois, exigera un passage, et les plus grands malheurs seront à craindre. Ce passage, il faut le créer à la hâte : il faut tailler dans le vif de cet immense bloc. Des travaux énormes sont entrepris : la dynamite fait rage, un chenal de grande largeur est creusé pour livrer passage au courant et amener la désagrégation lente de toute la masse. Tous les jours les ingénieurs tiennent conseil; le ministre des travaux publics vient en personne se rendre compte du péril et activer les travaux. Après la rive gauche, c'est la rive droite qu'on attaque; la banquise, sapée de toutes parts, disparaît peu à peu. Tandis que tout le monde désespère et proclame l'inutilité des efforts, les ingénieurs poursuivent leur but avec ardeur, et ils l'atteignent. Ils ont puissamment contribué à préserver la ville de Saumur et surtout la vallée de l'Authion de bien des ruines.

CHAPITRE IV

LES HOMMES, LES ANIMAUX ET LES PLANTES PENDANT LE GRAND HIVER (1879-1880).

Les souffrances furent grandes pendant ce terrible hiver; mais, si nous les comparons à celles des grands hivers des siècles précédents, nous pourrons juger des progrès de l'humanité dans la voie de la préservation générale, du bien-être de tous. Il n'y eut pas maintenant, comme alors, des milliers de personnes mourant de froid par les chemins. C'est que des routes bien tracées et bien entretenues sillonnent aujourd'hui toute la France, et qu'il est devenu presque impossible, dans la plupart de nos départements, de s'égarer dans les neiges. C'est que les chemins de fer ont remplacé les diligences pour les courses un peu lointaines : bien clos, quelque peu chauffés, les wagons garantissent les voyageurs des grandes intempéries; le peu de durée des voyages, la fréquence des arrêts, sont des sauvegardes efficaces contre la congélation. Aussi, quelle qu'ait été la rigueur du grand hiver de 1879-1880, les morts par le froid ont été assez rares. Les journaux quotidiens en ont cité de nombreux exemples; mais en les réunissant tous on n'arriverait qu'à un total assez faible. Et ce total aurait les plus grandes chances d'être trop élevé; les journaux d'aujourd'hui ont remplacé les chroniqueurs d'autrefois : ils sont plus nombreux et mieux informés, mais ils sont tout autant sujets à l'exagération et à l'erreur.

Citons quelques-uns des accidents qui sont survenus, en ne prenant que ceux dont l'authenticité paraît attestée par de nombreux témoignages. Cette liste sera loin d'être complète, mais elle nous montrera que les accidents ont été rares, isolés, et n'ont, dans aucun cas, présenté le caractère d'une calamité publique.

A la suite des grandes chutes de neige, qui furent surtout abondantes au-dessus de Paris, plusieurs personnes dans les départements du Nord et du Pas-de-Calais sont mortes de froid. D'autres, trouvées perdues dans les neiges, n'ont été qu'à grand'peine sauvées de l'asphyxie; nombre de bras et de jambes ont été cassés à la suite de chutes. A la même époque, un facteur rural est trouvé mort dans la neige à Laval : la couche atteignait cinquante centimètres d'épaisseur. Au commencement de décembre, plusieurs personnes meurent de froid dans le département de Saône-et-Loire. En Belgique, on trouve un soldat mort de froid près de Bruxelles. Près de Charleroi, un homme, surpris par l'effroyable tempête de neige et de verglas, s'égare et est enseveli : on le retrouve gelé. Près de Tourny, dans l'Eure, un homme se perd dans les neiges avec sa charrette attelée de quatre bœufs : le conducteur et les animaux périssent.

Dans le courant du mois de décembre, deux jeunes filles de Valmy (Pas-de-Calais) meurent ensevelies dans la neige. Dans la Somme, deux personnes sont trouvées mortes de froid sur un chemin. A la Chapelle, près de Belfort, on a trouvé, le 14 décembre, à quelques pas du village, un pauvre homme qui était gelé. A Lyon, plusieurs pauvres gens sont trouvés morts de froid chez eux : un soldat a le même sort à la salle de police de la caserne de la Part-Dieu. En Bohême, dans la commune de Katlowitch, quatorze enfants revenant de l'école, le 14 décembre, par un froid de — 20 degrés, sont arrêtés par la neige et périssent tous de froid.

Mais, si peu succombèrent, tous eurent à souffrir. Pour lutter contre un froid si intense, nos maisons sont mal construites, et avec les feux les plus vifs, soutenus nuit et jour, bien des personnes ne pouvaient arriver à obtenir une température supérieure à zéro degré. Tous les moyens de chauffage étaient simultanément employés : gaz, bois, coke, charbon, tout était utilisé, et la consommation était considérable. Cette augmentation dans la consommation, jointe à la difficulté des communications qu'amenait l'encombrement des neiges, ne tarda pas à faire atteindre aux combustibles des prix fort élevés.

La nécessité de se chauffer constamment et par tous les moyens possibles a augmenté très notablement, dans les grandes villes, le nombre des incendies. Le nombre total des incendies à Paris, pour l'année 1879, tant en feux de cheminée qu'en incendies véritables, a été de 2 752 ; dans ce nombre, le mois de décembre est entré à lui seul pour 581, c'est-à-dire pour plus d'un cinquième. Les conduites d'eau, en partie gelées, rendaient les secours très lents et très difficiles : aussi a-t-on vu l'augmentation porter surtout sur les grands incendies, qu'on n'avait pu arrêter à temps.

Le combustible n'avait pas seul augmenté de prix. La campagne était couverte de neige, les routes impraticables, les maraîchers ne pouvaient ni récolter, ni conduire leurs produits à destination ; de plus, beaucoup de provisions avaient été gelées jusque dans les caves. La cherté des objets de première nécessité était devenue générale.

Aussi la misère était grande. Les plus pauvres, sans charbon et sans bois, sans travail aussi, forcés d'engager, pour manger, leurs couvertures et leurs vêtements, demandaient de prompts secours. La charité publique a été à la hauteur des circonstances. Tous les moyens de l'employer ont été trouvés bons : souscriptions publiques dans les journaux, dons en espèces ou en nature à l'administration de l'assistance publique, loteries de bienfaisance, fêtes magnifiques organisées par la presse et par les théâtres, tout a été mis en œuvre pour procurer aux pauvres un peu de chaleur, des matelas, des couvertures, du bois, pour donner du pain aux plus nécessiteux.

Des chauffoirs publics étaient ouverts dans un grand nombre

de quartiers. Des précautions étaient prises pour adoucir la situation des gens qui sont obligés, par métier, de séjourner dans la rue; des braseros y étaient entretenus par les soins et aux frais de la municipalité, et chacun pouvait venir s'y réchauffer.

Jamais les sentiments fraternels qui unissent chez nous toutes les classes de la société n'avaient été autant mis en lumière. Ce fut une touchante et unanime manifestation, bien faite pour adoucir aujourd'hui le souvenir des souffrances endurées. De ces souffrances, il reste cependant autre chose que des souvenirs; il reste, hélas! des deuils nombreux. La mortalité a été notablement accrue. Mais, grâce à l'augmentation générale du bien-être, à une meilleure organisation de la charité publique, à une application plus rationnelle des lois de l'hygiène, cette augmentation de la mortalité n'a pas été bien considérable.

Le tableau suivant nous donne la comparaison de la mortalité pendant seize semaines, à partir du 1er novembre, pour les années 1878-1879 et 1879-1880 : il est relatif à Paris, et porte sur une population d'à peu près 2 000 000 d'habitants.

PÉRIODES.	1878-1879.	1879-1880.	RAPPORT.
4 premières semaines de novembre.	3601	3733	1.038
4 semaines suivantes (novembre et décembre).	3756	4473	1.191
4 semaines suivantes (décembre et janvier).	4062	5123	1.261
4 semaines suivantes (janvier et février).	4157	5962	1.433

L'augmentation de la mortalité commence donc dès le mois de novembre, mais elle est d'abord faible. Elle s'accentue pendant la période des grands froids, pour devenir surtout considérable au moment où la chaleur revient; à ce moment la mortalité est accrue dans le rapport de 1 000 à 1 433. A partir de là, le rapport diminue, l'influence de l'hiver se fait moins sentir à mesure qu'il s'éloigne d'avantage. Nous ne voyons rien là de comparable à cette mortalité de certains villages du Poitou qui, au dire de Réaumur, perdirent, en 1740, la moitié de leurs habitants des suites du froid.

Il semble, du reste, que nous soyons devenus moins sensibles aux basses températures que ne l'étaient nos ancêtres. En 1709, le froid suspendit à Paris les plaisirs et le commerce : des magasins furent fermés, l'Opéra cessa de jouer, le Parlement de tenir ses séances; les membres de l'Académie des sciences seuls continuèrent à se réunir. En 1879, par des températures plus basses, malgré l'encombrement produit par les neiges, Paris continua à vivre de sa vie normale. Dans le siècle de la vapeur et de l'électricité, il faut autre chose que le mauvais temps pour arrêter les rouages d'une ville aussi affairée que l'est Paris.

Les animaux aussi ont eu cruellement à souffrir. Les animaux domestiques, souvent mieux nourris et mieux logés aujourd'hui que ne l'étaient autrefois les hommes, ont été relativement peu éprouvés; ils ont cependant souffert de la faim et du froid. Les fourrages d'hiver étaient anéantis par des froids précoces ou ensevelis sous la neige : il fallut rationner la nourriture; les étables mal closes n'étaient pas inaccessibles au froid. Dans le Loiret, des animaux, principalement des chevaux et des ânes, ont été trouvés morts de froid dans les étables ; ces derniers, d'ordinaire si rustiques, se sont montrés particulièrement sensibles à l'abaissement de la température. Dans l'Aube, en décembre, par une température de — 27 degrés, les animaux dans les étables étaient couverts de givre et tremblaient au point de refuser leur nourriture. Dans beaucoup de poulaillers, les poules ont eu les pattes gelées; beaucoup de ruches d'abeilles ont vu périr tous leurs habitants.

Quant aux animaux non domestiques, leur sort était encore plus misérable. Sans nourriture et sans abri, peu préparés aux rigueurs d'un semblable hiver, ils succombèrent par milliers. Dans l'Est et dans le Nord, le gibier a été presque entièrement détruit. Les oiseaux, mourant de faim, entraient dans les ermes et se laissaient prendre à la main; dans tous les buissons on rencontrait des lièvres, des oiseaux morts ou mourants. Beaucoup vivaient encore, mais avaient les pattes gelées.

Les loups, ne trouvant plus dans les forêts et sur les hauteurs de quoi pourvoir à leur nourriture, descendirent dans la plaine en plein jour, arrivant jusque dans les fermes, jusque dans les villes, s'attaquant aux enfants, aux femmes, quelquefois même aux hommes, détruisant beaucoup de bétail. Dans l'Aube, dans la Haute-Loire, dans l'Yonne, dans le Comtat, à Belfort, on eut à lutter contre ces animaux rendus audacieux par la faim qui les pressait.

Le sort des poissons n'était pas moins misérable. Nombre d'étangs peu profond furent gelés jusqu'au fond; dans les autres, les poissons enfermés sans air dans une masse d'eau trop faible périrent asphyxiés. Dans le département de la Loire, le préfet rendit une ordonnance par laquelle les propriétaires des étangs devaient retirer de l'eau les poissons morts et les enfouir, avec de la chaux vive, dans des fosses profondes. D'autres habitants des rivières devaient être victimes d'un accident d'un genre plus nouveau : les détonations produites dans la Saône et dans la Loire par les cartouches de dynamite faisaient périr tous les poissons qui se trouvaient sous la glace; ils étaient entraînés en grande quantité par le courant, et des pêcheurs improvisés en faisaient leur profit.

A côté des poissons, de nombreuses huîtres furent gelées; à Arcachon, dans la Seudre, à la Tremblade, on en perdit plusieurs millions.

Les animaux inférieurs, presque tous nuisibles, résistèrent au contraire parfaitement bien. M. Lichtenstein a montré que le phylloxéra n'avait pas éprouvé le moindre malaise d'une température de — 11 degrés. Il s'est assuré que les pucerons du pêcher, du fusain, du chou, de l'épine-vinette, ont supporté vaillamment les rigueurs des frimas. Ces bestioles, fixées, comme on sait, aux parties aériennes des plantes qu'elles exploitent, se sont complètement engourdies; mais, transportées dans le laboratoire, elles se sont bientôt mises à pondre, comme si de rien n'avait été.

Si les insectes nuisibles ont été épargnés, il n'en a pas été, malheureusement, de même des végétaux. Nous avons déjà eu l'occasion de dire que la principale calamité des grands hivers résulte des désastres produits sur la végétation. Ce sont eux qui ont causé, pendant tout le moyen âge, et même au dix-huitième siècle, les plus épouvantables famines.

Heureusement le mal n'a pas été aussi grand en 1879 qu'auraient pu le faire craindre les températures sibériennes du mois de décembre. L'action préservatrice de la neige ne s'est jamais exercée avec une plus satisfaisante efficacité. Dans les régions mêmes où les froids avaient été le plus vifs, les récoltes en terre présentaient au printemps un splendide aspect; les températures de — 2 degrés et — 3 degrés auxquelles les blés avaient été soumis à travers la neige ne leur avaient fait aucun mal. Les vignes et les arbres ne pouvaient pas être préservés par le même moyen, ils ont beaucoup souffert. Les uns ont été fendus brusquement par la gelée, les autres tués par la pénétration lente du froid.

A Lyon, les platanes plantés sur les quais ont été en grand nombre gelés. Certains ont été fendus en deux dans le sens de la longueur, et, au moment de la rupture, on a entendu une forte détonation. A peu de distance de Paris, par un froid de — 28 degrés, des chênes de cent cinquante ans ont été fendus de part en part; certaines fentes présentaient une largeur de plus de dix centimètres. Le tronc de l'un des marronniers qui ornent la place Timothée-Halley, à Lillebonne (Seine-

Inférieure), a été fendu de part en part et dans toute la hauteur, quoiqu'il ne mesure pas moins de 1m.45 de circonférence. Presque partout des faits analogues se sont produits, et en grand nombre.

Dès le mois de janvier, chacun a voulu se rendre compte des dégâts, et la panique a été grande. De tous les points de la France, de la Seine, de la Champagne, de la Bourgogne, du Berry, de Belgique, de Hollande, d'Espagne même et de Grèce, arrivaient les plus tristes nouvelles. Tout était perdu, les récoltes, les vignes, les arbres fruitiers, les essences forestières les plus résistantes, rien n'avait résisté. Mais on ne tarda pas à reconnaître que le mal, encore bien grand, était moindre cependant qu'on ne l'avait pensé. Du reste, à l'heure actuelle, en avril 1880, il est encore impossible de se rendre un compte exact des pertes éprouvées : bien des arbres fleurissent, poussent des feuilles, qui sont cependant mortellement atteints, et qui succomberont en été au coup dont l'hiver les a frappés; on ne peut pas juger de la récolte future des fruits par l'abondance actuelle des fleurs.

Le récit suivant, de M. le marquis de Cherville, montre, au début, l'exagération qui suivit la grande période des froids; sa fin fait naître des espérances qui devaient en grande partie se réaliser; elle fait espérer une résurrection qui s'est, en effet, produite pour beaucoup d'arbres.

« Comme nous l'avions prévu, dit-il, les effets des gelées furieuses du mois de décembre ont été désastreux pour les végétaux tant utiles que d'agrément. Il est facile de découvrir ce qui a été atteint par le gel; c'est ce qui a été épargné qui se rencontre avec le plus de difficulté : les noyers, les châtaigniers des forêts, les jeunes ormes et érables des pépinières, sont atteints comme les conifères exotiques, comme les arbrisseaux à feuillage persistant; les rosiers à tige, c'est-à-dire greffés sur églantier, ont été presque universellement détruits; seuls les rosiers francs de pied, protégés par la neige, ont été épar-

Effets de la glace sur les essences forestières les plus résistantes. (1879-1880.)

gnés; c'est ainsi qu'on voit survivre de délicats bengales aux hybrides les plus robustes. C'est en ce qui concerne les arbres fruitiers que les pertes prennent des proportions vraiment graves. Ils ont été frappés par le gel, aussi bien dans les jardins que dans la campagne; poiriers, cerisiers, abricotiers, pêchers, ont au moins du plomb dans l'aile; nous avons vu des poiriers gros comme la cuisse d'un homme, dont le cœur était aussi sec que si l'arbre était mort depuis un an.

» Contre l'opinion générale, c'est bien moins à l'intensité du froid qu'à sa précocité qu'il faut attribuer le phénomène. L'année ayant été exceptionnellement tardive, la sève n'avait pas complété son mouvement de retraite lorsque la gelée est survenue : beaucoup d'arbres avaient encore des feuilles. De gros poiriers, transplantés avant la baisse du thermomètre, n'ont nullement souffert au milieu d'autres qui sont perdus, uniquement parce qu'en les déplantant on avait précipité le retour de la sève dans les racines. Le mouvement de cette sève aura-t-il la puissance de ramener la vitalité de ces précieux végétaux? Cela nous paraît probable, au moins pour quelques-uns : aussi engageons-nous les intéressés à ne point condamner hâtivement tel ou tel arbre qui leur semble sec, et à attendre le mois de juin avant de désespérer de sa résurrection. Ils auront tout à y gagner, rien à y perdre. »

Nous avons donc à enregistrer beaucoup de pertes, mais aussi beaucoup de résurrections. Dans plusieurs régions, notamment en Champagne et en Bourgogne, les vignes ont été fortement éprouvées : généralement les racines ne sont pas mortes, mais un tiers au moins des pieds ne porteront pas de fruits de deux ans. Le phylloxéra continuant à éprouver le Midi, tandis que la gelée a fortement attaqué le Nord, nous devons nous attendre à avoir, en 1880, une récolte de vin peut-être plus mince encore que les si tristes récoltes des années précédentes. Dans la Sologne, d'immenses plantations de sapins et de pins ont été littéralement grillées, tous les bourgeons sont devenus noirs, et les sommets des branches entièrement roux. On est obligé de tout abattre. Plusieurs propriétaires sont complètement ruinés.

Dans le Midi, beaucoup d'oliviers et de figuiers sont morts jusqu'à la racine.

Quant aux plantes exotiques, les stations voisines de la mer, les plus favorisées, ont pu seules en conserver. Au Jardin des plantes de Paris, le spectacle est navrant : presque tout sera à remplacer.

La perte est donc immense, et peut-être l'horticulture n'a-t-elle jamais subi, en France, des désastres comparables à ceux que lui a infligés le mois de décembre 1879.

Mais nous n'avons pas à craindre la famine, la récolte des blés étant sauvée. Du reste, les famines sont passées pour ne plus revenir. Depuis 1709, la civilisation a marché à grands pas, renversant les barrières et rapprochant les peuples : ce que les uns ne récoltent pas, d'autres le fournissent, et les denrées, toujours en quantités suffisantes, demeurent à la portée de tous. Aux réquisitions du dix-huitième siècle ont succédé les approvisionnements venus des pays voisins. La machine à vapeur a tué la famine ; la civilisation a chassé la misère. Nous ne saurions mieux montrer son rôle qu'en reproduisant les lignes éloquentes écrites par M. Hirsch, dans sa préface de l'*Histoire de la machine à vapeur*, de Thurston ;

« Tandis que les partis montent au pouvoir et en descendent, que les gouvernements se liguent ou se séparent, que les traités se font ou se défont, que les armées battent ou sont battues, l'humanité reste immobile et ne tire pas le moindre profit de ce jeu d'escarpolette ; et de tout ce mouvement stérile, ce qui ressort de plus clair, ce sont de grandes dépenses d'argent et de forces vives matérielles ou intellectuelles ; ce sont les guerres, dont notre siècle a donné de si nombreux et si épouvantables exemples ; c'est le sang qui coule à torrents ; ce sont les larmes, les ruines, la famine et le typhus.

» Au milieu de cette agitation violente et funeste, quelques travailleurs, retirés au fond de leur cabinet, s'attachent opiniâtres à leur modeste besogne de fourmi; ils alignent, jour par jour, les chiffres et les formules; s'acharnent après un boulon ou un clapet; tracent des épures, les effacent, les recommencent, remettent vingt fois l'ouvrage sur le métier, s'obstinent en dépit des déboires, et souvent, hélas! se ruinent et meurent à la peine. Sous l'effort continu de leur labeur ingrat, le progrès se fait lentement, mais sans relâche; le bien-être se répand petit à petit et gagne les couches les plus profondes de la société; la terre livre un à un ses trésors; les produits s'échangent d'un climat à l'autre; les haines de province à province et de peuple à peuple s'émoussent; la famine disparaît, et la misère est vaincue. »

LIVRE V

LES GRANDS FROIDS ET LES CLIMATS

CHAPITRE PREMIER

LES CAUSES DU FROID.

Il nous reste à expliquer les différences énormes de température que l'on observe quand on va de l'équateur au pôle, ou qui se produisent, en un lieu déterminé, d'une saison à l'autre. Trois causes, que nous examinerons successivement, tendent à faire varier constamment la température de la surface de la terre.

Et d'abord, la terre possède, sous la croûte solide que nous connaissons, une immense masse fluide ou plutôt peut-être d'énormes amas d'une matière liquéfiée, disséminés en diverses régions, et séparés les uns des autres par des parties solides. Quelles que soient la disposition, la grandeur et la température de ce feu central, il tend constamment à réchauffer la surface de la terre, de même que l'eau chaude que l'on verse dans un vase de porcelaine en échauffe l'extérieur. Mais pour la terre l'épaisseur de la croûte est considérable; les substances qui la constituent sont fort peu conductrices, et par suite la chaleur qui arrive à la traverser est bien petite : elle se perd au fur et à mesure par rayonnement. Le calcul mathématique a permis de démontrer que le feu central élève à peine la température de la surface de 1/36ᵉ de degré. Nous n'avons donc pas à tenir compte de cette première cause, dont l'influence est absolument négligeable; si la terre venait subitement à être refroidie jusqu'à son centre, il n'en résulterait, pour la surace extérieure, aucun refroidissement sensible. Toutes les variations sont dues à la lutte constante qui se produit entre l'action du soleil, qui nous échauffe, et l'action du rayonnement extérieur, qui nous refroidit.

Un corps chaud, comme un boulet de canon rougi au feu, envoie autour de lui, quand on le sort du foyer, une quantité considérable de chaleur. Il se refroidit peu à peu jusqu'à ce que sa température soit devenue égale à celle de l'air qui l'environne. L'intensité de ce rayonnement dépend de la grosseur du boulet, de sa température primitive, et aussi de l'état physique de sa surface. Si la surface est formée d'un métal poli, le rayonnement sera faible, le refroidissement sera lent; on dit que le métal poli a un faible pouvoir émissif. Si la surface est formée d'une substance mate et dépolie, de noir de fumée ou de blanc de plomb, le rayonnement sera intense, le refroidissement bien plus rapide.

Enfin, la vitesse du refroidissement dépend de la substance même qui constitue la boule chaude. Que cette substance conduise bien la chaleur, à la manière des métaux, le rayonnenement sera intense; à mesure que la surface extérieure sera refroidie, la chaleur viendra du centre pour compenser la perte et se répandre à son tour dans l'espace. Si, de plus, la boule métallique est recouverte d'une couche ayant un grand pouvoir rayonnant, noir de fumée ou blanc de plomb, elle sera bientôt, dans toute sa masse, à la température de l'air; elle cessera de rayonner de la chaleur sensible au thermomètre. Mais si notre enduit de noir de fumée recouvrait une sphère chaude formée d'une substance peu conductrice, de bois par exemple, il en serait tout autrement. Au début, le rayonnement serait rapide; mais, la chaleur se transportant mal à travers le bois, la surface se refroidirait presque seule, le centre restant chaud. Il y aurait bientôt, de l'extérieur à l'intérieur, une différence de température considérable ; le refroidissement total serait très lent à se produire.

C'est ce qui arrive pour la terre. Abandonnée dans l'espace, elle rayonne de la chaleur constamment autour d'elle, et l'extérieur se refroidit considérablement par rapport à l'intérieur qui reste chaud. Si aucune cause de réchauffement ne venait compenser l'action du rayonnement, la surface de la terre serait bientôt en tous ses points à la température des espaces planétaires, tandis que son centre resterait sensiblement comme il est aujourd'hui. Le froid des espaces planétaires n'est pas exactement connu, et il ne saurait l'être par une expérience directe, puisqu'il nous est impossible de pénétrer dans ces régions vides d'air ; mais ce froid est extrême. Fourier l'évalue à — 70 degrés, M. Pouillet à — 140 degrés. Le second nombre est bien certainement plus près de la réalité que le premier. Le rayonnement de la surface de la terre joue un rôle énorme dans la physique du globe ; c'est grâce à lui que se forment la rosée, la gelée blanche ; c'est aussi lui qui est la cause des ravages produits par les gelées tardives du printemps.

Toute cause capable de diminuer le rayonnement arrêtera ou diminuera la formation de la rosée, de la gelée blanche, diminuera les chances des gelées tardives. Les nuages, par exemple, placés entre la terre et le ciel, arrêtent la chaleur rayonnée par le sol, la conservent dans le voisinage de la terre, et empêchent l'abaissement de la température d'être aussi rapide. Par un temps couvert, il ne se forme pas de rosée, il n'y a pas de gelées tardives. Les nuits les plus sereines sont toujours les plus froides. De là la pratique souvent employée par les horticulteurs et les viticulteurs pour préserver leurs plantes du gel au printemps. Les premiers les recouvrent de paillassons, qui constituent un manteau suffisant contre le rayonnement. Les seconds, pendant les matinées de mai où la gelée est à craindre, font brûler de la paille humide et des substances goudronneuses dans leurs vignes, et les recouvrent ainsi d'un nuage artificiel de fumée. Ce moyen, du reste, n'est pas nouveau, et M. Daguin rapporte que, d'après Garcilasso de Vega, les Péruviens, quand ils voyaient le temps très clair, brûlaient du fumier pour dégager une épaisse fumée et former un nuage artificiel qui préservait d'un froid trop vif les pousses des jeunes plantes.

Dans les pays chauds, où le temps est le plus souvent clair, le rayonnement nocturne suffit pour déterminer la formation de la glace, quoique la température de l'air reste bien supérieure à zéro degré. Au Bengale, il existe des fabriques de glace artificielle qui occupent plusieurs centaines d'ouvriers. « On creuse des fossés, dit M. Tyndall, que l'on remplit en partie de paille, et sur la paille on expose au ciel pur des bassins plats contenant de l'eau que l'on a fait bouillir. L'eau a un grand pouvoir de radiation ; elle envoie en abondance sa chaleur dans l'espace, et la chaleur ainsi perdue ne peut pas être remplacée par la chaleur de la terre, que la paille non conductrice arrête au passage. Le soleil n'est pas levé que déjà la glace s'est formée dans chaque vase. » Même sous le ciel brumeux de l'Angleterre, Wells, qui le premier a compris les effets du rayonnement nocturne, est parvenu à faire en été de la glace par le même moyen ; mais il fallait une nuit exceptionnelle. On a tenté à Saint-Ouen, près de Paris, de fabriquer industriellement de la glace de la même manière, mais on a dû y renoncer ; les nuits assez sereines sont trop rares dans nos climats.

Il ne suffit pas, pour que le rayonnement nocturne soit très intense, que le ciel soit sans nuages ; il faut, de plus, que l'air soit sec, privé autant que possible de vapeur d'eau à l'état invisible. Cela résulte clairement de la remarque suivante de sir Robert Barker : « Les nuits les plus favorables à la production de la glace sont celles qui sont les plus claires, les plus sereines, et pendant lesquelles il apparaît très peu de rosée après minuit. » Et pour que, par une nuit très claire, il ne se forme pas de rosée, il faut que l'air soit remarquablement sec.

C'est qu'en effet l'eau à l'état liquide, telle qu'elle se trouve dans les nuages, n'a pas seule la propriété d'empêcher le rayonnement nocturne. M. Tyndall a montré que l'eau en vapeur transparente, toujours répandue dans l'air en assez grande quantité, jouit de la même propriété. Comme l'eau des nuages, elle arrête une partie des rayons du soleil pendant le jour; comme l'eau des nuages, elle conserve une partie de la chaleur de la terre pendant la nuit. La vapeur d'eau absorbe la chaleur en grande quantité, qu'elle vienne du soleil ou de la terre, tandis que l'air sec la laisse passer entièrement sans l'absorber. Elle joue dans l'atmosphère le rôle d'un manteau qui vous préserve à la fois du chaud et du froid, et ce n'est pas là le moindre de ses bienfaits; sans elle, nos jours d'été seraient beaucoup plus chauds et nos nuits bien plus froides. Elle nous rend ainsi les plus grands services, et nous serions mal inspirés si nous lui appliquions le mot de la fable :

> Arrière ceux dont la bouche
> Souffle le chaud et le froid.

« La vapeur aqueuse, dit M. Tyndall, est une couverture plus nécessaire à la vie végétale de l'Angleterre que les vêtements ne le sont à l'homme. Otez pendant une seule nuit la vapeur aqueuse contenue dans l'air qui environne notre pays, et vous détruirez certainement toutes les plantes qui peuvent être détruites par la gelée. La chaleur de nos champs et de nos jardins se répandra sans retour dans l'espace, et lorsque le soleil viendra à paraître sur notre île, il la trouvera en proie à un froid rigoureux. La vapeur aqueuse est une écluse locale qui emmagasine la température de la surface de la terre. »

Dans les pays où la sécheresse est grande, il y a souvent

entre la température du jour et celle de la nuit une énorme différence. Le docteur Livingstone, dans le sud de l'Afrique centrale, observait sous sa tente, au milieu du jour, une température de + 35 degrés, et le matin une température de + 5 degrés seulement. A l'air libre, la différence aurait été certainement beaucoup plus grande. Dans cet été africain, si brûlant, les habitants de Balonde font du feu jusqu'à 9 heures du matin. Quand Livingstone arriva sur les bords de la rivière de Zambesi, là où l'atmosphère est humide, il vit aussitôt le climat changer totalement; les nuits étaient, là, presque aussi chaudes que les jours. Dans le centre de l'Australie, la température varie quelquefois, du matin au soir, depuis — 12 degrés jusqu'à + 20 degrés.

Dans l'Europe centrale, il se produit des faits analogues, dus à la sécheresse de l'air. Les paysans hongrois, quand ils ont une nuit à passer dehors, ont soin, même en été, de se munir de bons vêtements contre le froid.

Nous connaissons maintenant la cause du refroidissement du sol; voyons comment le soleil lutte contre ce refroidissement. Le soleil envoie constamment sur la terre de la chaleur et de la lumière. M. Pouillet a montré que la quantité de chaleur qui nous arrive ainsi serait suffisante, si elle était répartie uniformément sur le globe, pour fondre en un an une couche de glace qui le recouvrirait complètement, et qui aurait 30 mètres d'épaisseur. Mais cette chaleur n'est pas répandue uniformément, et, de plus, elle n'arrive pas toute jusqu'au sol.

Voyons ce qui se produit en deux points aussi éloignés l'un de l'autre que possible, à l'équateur et au pôle. Les rayons solaires arrivent sur l'équateur dans une direction normale à celle du sol; mais à mesure que la région considérée s'éloigne de l'équateur, elle reçoit des rayons de plus en plus obliques, et par conséquent de moins en moins nombreux pour une étendue donnée. De plus, grâce à cette obliquité, la chaleur du soleil est réfléchie en bien plus grande quantité vers les pôles que dans le voisinage de l'équateur, et par là l'intensité de l'action du soleil est encore diminuée. Enfin la figure montre que les rayons solaires doivent, pour arriver au pôle, traverser une épaisseur d'atmosphère bien plus considérable que pour arriver à l'équateur. Or, nous avons vu que l'air, grâce surtout à la vapeur d'eau qu'il contient, arrête une très notable proportion de la chaleur du soleil; les rayons qui arrivent au pôle seront donc moins chauds que ceux qui parviennent à l'équateur. Le froid du pôle se trouve ainsi expliqué.

Des considérations différentes nous permettront de nous rendre compte de la différence considérable de température que l'on observe à la base et au sommet des montagnes élevées. L'air humide absorbe sans doute la chaleur du soleil, mais en faible proportion; l'action qu'il produit n'est sensible qu'à cause de la formidable épaisseur d'air qui nous entoure; mais chaque portion ne s'échauffe pour ainsi dire pas par suite de cette faible absorption. C'est le sol qui s'échauffe et qui, par contact direct, échauffe l'air. L'air chaud, devenant plus léger, s'élève pour être remplacé au niveau du sol par de l'air froid qui vient se chauffer à son tour. Il en résulte, dans le voisinage immédiat de la terre, un mouvement continuel de convection qui est bien visible au-dessus des prairies et surtout des sables directement chauffés par le soleil.

Mais cet air chaud qui monte se refroidit peu à peu par rayonnement et par le fait même de sa dilatation : aussi, à mesure qu'on s'éloigne du niveau de la mer, il a une température de moins en moins élevée. C'est ce qui explique pourquoi, au sommet des montagnes, par un soleil plus chaud que celui des plaines, on a une atmosphère glacée.

Enfin, dans un lieu déterminé, la succession périodique des saisons s'expliquera par des considérations analogues. Si le mouvement apparent du soleil se produisait dans le plan même de l'équateur, les jours par toute la terre seraient constamment égaux aux nuits, la température serait sensiblement la même pendant toute la durée de l'année. Mais, à cause de l'obliquité du plan de l'écliptique, cette égalité n'a lieu que pour les points situés sur l'équateur. A mesure que l'on s'éloigne de l'équateur pour s'approcher des pôles, l'inégalité des jours et des nuits devient de plus en plus grande. En été, c'est-à-dire à l'époque où les jours sont plus grands que les nuits, la quantité de chaleur est beaucoup plus considérable qu'en hiver, où les jours sont plus petits que les nuits. A partir de la latitude de 66 degrés et demi, il y a en chaque point une nuit de plus de 24 heures en hiver, un jour de plus de 24 heures en été. Au pôle même on n'a qu'un seul jour et qu'une seule nuit, chacun de six mois.

Pendant cette longue nuit des régions polaires, le rayonnement terrestre agit seul, sans compensation, et la température s'abaisse considérablement. Les heures ne se distinguent plus les unes des autres par l'éclat du ciel ni par son obscurité, ni non plus par des différences de température. Tandis que chez nous les heures du jour sont en moyenne beaucoup plus chaudes que celles de la nuit, dans ces régions sans soleil les perturbations atmosphériques font seules varier la température.

A Bossekop, par 70 degrés de latitude, MM. Bravais et Martins ont régulièrement observé la température pendant toute la durée d'une longue nuit de presque trois mois. Les moyennes de température qu'ils ont obtenues ont été sensiblement les mêmes pour toutes les heures.

Midi.	— 9°.12	Minuit.	— 9°.09
2 heures.	— 9 .05	2 heures.	— 9 .25
4 —	— 9 .28	4 —	— 9 .21
6 —	— 9 .31	6 —	— 9 .22
8 —	— 9 .22	8 —	— 9 .09
10 —	— 9 .07	10 —	— 8 .94

Mais quand arrive le soleil, et qu'il reste pendant plusieurs mois au-dessus de l'horizon, malgré la grande obliquité de ses rayons, l'air s'échauffe et la température devient parfois très élevée. De là une énorme différence entre la température moyenne de l'hiver et celle de l'été. En maints endroits de la Sibérie, à des hivers où le mercure se congèle naturellement, succèdent des étés qui en six semaines font mûrir d'abondantes récoltes, et pendant lesquels les habitants peuvent aller nus. Tandis qu'à Paris la différence entre la température moyenne de l'été et celle de l'hiver n'atteint pas 15 degrés, elle est de 27 degrés à Saint-Pétersbourg.

CHAPITRE II

LES DIVERS CLIMATS.

Les différences de distribution de la chaleur à la surface du globe ont permis de diviser la terre en grandes régions de plus en plus froides à mesure qu'on s'approche davantage du pôle. La zone torride, située de part et d'autre de l'équateur, est caractérisée par l'absence presque complète d'hiver; elle s'arrête aux tropiques. Les zones tempérées, dans chacun des deux hémisphères, sont comprises entre les tropiques et les cercles polaires; l'Europe entière se trouve dans la zone tempérée boréale. Enfin, les zones glaciales s'étendent depuis les cercles polaires jusqu'aux pôles.

Les limites des zones sont donc uniquement déterminées par le mouvement du soleil par rapport à la terre; mais il ne faudrait pas croire que la distribution de la chaleur à la surface du globe soit aussi régulière que ces subdivisions semblent l'indiquer. La température d'un lieu dépend d'une foule de circonstances que l'on peut diviser, comme l'a fait de Humboldt, en causes générales et causes particulières. Ces causes sont tellement multiples qu'il est impossible de tenir compte de leur influence respective et de déterminer *à priori* quel doit être le climat d'une région au point de vue de la température.

Les causes particulières sont : l'inégalité des terrains, la direction des chaînes de montagnes, la forme et la masse des terres, les variations barométriques; toutes ces causes déterminent ou modifient la direction des vents, que M. Martins a appelés avec tant de raison les grands arbitres des changements atmosphériques. Il faut ajouter encore l'état de la surface terrestre, selon qu'elle est dénudée ou couverte de végétation, les changements résultant de la culture, la quantité de neige qui couvre les terres en hiver.

Les causes générales sont : la latitude et l'altitude, dont nous avons parlé, et la position relative, à latitude égale, des continents et des mers. C'est de cette troisième cause générale que nous devons dire quelques mots.

Lorsque le soleil darde ses rayons sur l'eau de la mer, elle s'échauffe fort lentement ; il est facile d'en comprendre la raison. D'abord, l'atmosphère qui se trouve au-dessus de l'Océan renferme une grande quantité de vapeur d'eau qui arrête une notable proportion de la chaleur. De plus, l'eau a besoin, pour s'échauffer, d'une quantité considérable de chaleur : un kilogramme d'eau s'échauffera beaucoup moins rapidement qu'un kilogramme de bois ou de terre soumis au rayonnement du même foyer de chaleur ; on exprime ce fait en disant que l'eau a une grande chaleur spécifique. La surface de la mer, en la supposant immobile, s'échauffera donc beaucoup moins vite que la surface du sol. Mais elle n'est pas immobile : à cause de l'action des vents, du mouvement des marées, elle est constamment agitée ; ses diverses couches sont mélangées incessamment, de sorte que l'eau s'échauffe presque dans toute sa masse, tandis que la terre des continents ne s'échauffe qu'à la surface. Aussi, tandis qu'on a vu la température de l'air au-dessus du sable brûlant des déserts s'élever au-dessus de + 60 degrés, jamais, même à l'équateur, la température à la surface de la mer n'a dépassé + 31 degrés.

En hiver, le phénomène est inverse. La terre, qui n'était échauffée qu'à sa surface, se trouve bientôt refroidie. La mer, au contraire, a emmagasiné jusque dans ses profondeurs une provision de chaleur d'autant plus grande que la chaleur spécifique de l'eau est plus considérable ; de plus, elle est recouverte d'un manteau de vapeur d'eau, qui empêche en partie le rayonnement; le refroidissement sera lent. La mer est donc moins chaude en été, moins froide en hiver; elle a un climat plus constant. Les terres placées dans son voisinage participent à cette égalisation; elles ont le climat marin, en opposition avec le climat continental, qui présente de plus grandes variations de température.

Le docteur Forel a calculé la quantité de chaleur fournie par le lac Léman en cinq jours: le 19 décembre 1879, la température du lac à sa surface était de 5°.6; le 24, cette température n'était plus que de 5°.4, refroidissement qui semble insignifiant. Et cependant: « Je suis parti de là, dit le docteur Forel, pour calculer quelle était la quantité de chaleur qui avait été perdue par le lac dans ces cinq jours, et je l'ai trouvée égale à environ dix milliards de calories, soit à la quantité de chaleur dégagée par la combustion de 1 250 000 tonnes de charbon, ou par la combustion d'un cube de charbon de 100 mètres de côté. Le ciel ayant été pendant ces cinq jours généralement couvert par un voile de nuages, la plus grande partie de cette chaleur est restée dans l'air, et a ainsi contribué à atténuer, pour notre vallée, le froid qui sévissait si cruellement ailleurs. »

Le réchauffement des hivers par le voisinage de la mer n'avait pas échappé aux anciens. Plutarque le mentionne en ces termes très clairs: « En hiver, nous préférons les séjours voisins de la mer, pour fuir la terre à cause de sa froidure. » Horace, dans une épître à Mécène, lui dit: « Quand la neige aura blanchi les plaines d'Albe, le poète que vous aimez descendra vers la mer, ménagera sa santé... »

Aussi, à latitude égale, les climats marins sont beaucoup moins excessifs dans le froid et dans le chaud que les climats continentaux. L'île d'Hyères ne connaît presque ni été ni hiver; elle a un climat marin. « En hiver même, lorsque la nature est engourdie dans le reste de la France, elle est encore belle à Hyères, où, par une illusion dont on ne peut se défendre, on croit en arrivant avoir changé de saison et de climat. C'est l'endroit de la Provence qui plut davantage à Bachaumont et à Chapelle; ils regrettaient que Paris ne fût pas situé sous un si beau climat. C'est avec plaisir, disaient-ils :

Que c'est avec plaisir qu'aux mois
Si fâcheux en France et si froids,
On est contraint de chercher l'ombre
Des orangers qu'en mille endroits
On y voit, sans rang et sans nombre,
Former des forêts et des bois!

Ici, jamais les grands hivers
N'ont pu leur déclarer la guerre.
Cet heureux coin de l'univers
Les a toujours beaux, toujours verts,
Toujours fleuris en pleine terre. »

Beaucoup plus constant encore est le climat des îles Feroë. « Peut-être n'existe-t-il point, dit M. E. Reclus, en dehors de la zone équatoriale, de parages marins où l'écart annuel du froid et du chaud soit moins considérable. Dans l'air, la variation moyenne de l'été à l'hiver dépasse à peine 7 degrés; en plein janvier, sous la même latitude que le Labrador, et tandis qu'il gèle sur maint rivage de la Méditerranée, la température atmosphérique des Fœroers est d'environ + 3 degrés. Le ciel des îles est bas et humide, gris de vapeurs ou ruisselant de pluies. Ce n'est pas la chaleur, c'est la lumière qui manque : aussi presque tous les champs sont-ils inclinés au sud, afin de recevoir les rayons du soleil. Les hivers n'ont pas de frimas, mais les étés sont sans chaleur. »

Mais ici l'action pondératrice de la mer est singulièrement augmentée par le vaste courant du Gulf-Stream qui entoure complétement les îles. Maury, dans sa *Géographie de la mer*, en donne la description la plus poétique : « Il est un fleuve dans l'Océan; dans les plus grandes sécheresses, jamais il ne tarit;

dans les plus grandes crues, jamais il ne déborde. Ses rives et son lit sont des couches d'eau froide, entre lesquelles coulent à flots pressés des eaux tièdes et bleues. Nulle part sur le globe il n'existe un courant aussi majestueux. Il est plus rapide que l'Amazone, plus impétueux que le Mississipi; et la masse de ces deux fleuves ne représente pas la millième partie du volume d'eau qu'il déplace. »

Venant des régions équatoriales, où il a pris une grande quantité de chaleur, ce fleuve océanique sort du golfe du Mexique, laisse bientôt l'Amérique pour traverser l'Atlantique, et vient enfin baigner les côtes de l'Irlande, ainsi que la côte nord-ouest de presque toute l'Europe. Il nous amène ainsi une grande quantité de chaleur et réchauffe notablement nos hivers. Si nous ajoutons à cela le courant d'air, l'alizé supérieur, compagnon atmosphérique du Gulf-Stream, qui vient, chargé de chaleur et d'humidité, s'abattre aussi sur nous, nous comprendrons combien notre climat doit se trouver adouci.

L'Angleterre surtout se trouve sur le passage de ces deux courants chauds. « C'est à cet état de choses, dit M. Tyndall, que nous devons et nos champs si verts, et les joues roses de nos jeunes filles. » — « Nulle part, d'après M. Reclus, si ce n'est dans les Fœroërs et sur les côtes de Norvège, qui reçoit le même souffle bienfaisant, le climat réel n'est plus en désaccord avec celui que l'on pourrait calculer par l'éloignement graduel de l'équateur au pôle. En dépit de la marche du soleil, la température moyenne est aussi élevée en Irlande, sous le 52e degré de latitude, qu'aux États-Unis sous le 38e degré, à 1 540 kilomètres plus au sud; quant à la température hivernale, elle est plus douce à l'extrémité même de l'Ecosse que dans le nouveau monde, à 20 degrés plus près de l'équateur. »

Si la terre ne tournait pas sur elle-même, les deux courants qui arrivent sur l'Angleterre et aussi un peu sur la France réchaufferaient surtout les côtes d'Amérique, dont la température serait de beaucoup élevée. Aussi les Américains ont-ils raison d'accuser les Anglais de leur voler leur climat. Si le globe, au contraire, tournait un peu plus vite, nous aurions l'adoucissement de climat dont profite l'Angleterre, en conservant, au moins en grande partie, la sérénité du ciel que nous donne notre position plus méridionale. Aussi Babinet aurait-il eu, à en croire un de ses élèves, M. Malapert, l'idée de détourner le Gulf-Stream de sa route par une digue gigantesque placée dans le voisinage des îles du cap Vert. Grâce à cette digue, la presque totalité des eaux chaudes de l'équateur serait venue baigner nos côtes et celles de l'Angleterre, et nous aurait donné un printemps perpétuel. Il est vrai que personne jusqu'à présent n'a pris au sérieux ce projet Babinet-Malapert.

L'influence du voisinage de la mer est montrée en France de la manière la plus évidente par les nombres suivants :

VILLES.	TEMPÉRATURES moyennes de l'été.	TEMPÉRATURES moyennes de l'hiver.	DIFFÉRENCES.
Brest. . .	16°.8	7°.1	9°.7
Paris. . .	18 .1	3 .3	14 .8
Lyon. . .	21 .1	2 .3	18 .8

Tout ceci nous montre combien la chaleur est irrégulièrement distribuée sur notre globe. De Humboldt a imaginé, au commencement du siècle, de tracer sur la carte du monde des lignes joignant les uns aux autres les lieux de même température moyenne. La ligne qui relie tous les points de notre hémisphère dont la température moyenne de l'année est 10 degrés, se nomme la ligne isotherme de 10 degrés. On a de même, pour chaque degré de température, des lignes isothermes qui sont comme les parallèles thermiques. Ils sont loin d'avoir la régularité géométrique des parallèles géographiques.

Les lignes qui traversent les régions ayant la même température moyenne d'hiver sont dites isochimènes. Ces lignes se rapprochent de l'équateur quand elles traversent les continents, et s'en éloignent sur l'océan. Nous venons d'en voir la raison. La direction des isochimènes en France est bien frappante; la ligne isochimène de Paris s'abaisse comme le contour de nos côtes maritimes, et va passer par Orléans, Toulouse, Carcassonne, Valence, Nice. La direction générale des courbes isothermes et isochimènes, dans notre hémisphère, semble rendre très probable l'existence de deux pôles de froid dans le voisinage du pôle nord. L'un, d'une température moyenne de — 17 degrés, serait au nord de l'Asie, près de la Nouvelle-Sibérie; l'autre, dans l'archipel polaire américain sa température serait de — 19 degrés. Les régions dont le froid est le plus rigoureux seraient donc situées sous des latitudes que l'homme a déjà visitées, et par conséquent se trouve justifié l'espoir de ceux qui ne croient point le pôle proprement dit inabordable.

La distribution irrégulière de la température est encore rendue manifeste quand on considère les températures les plus basses qui aient été observées en divers points du globe; cet examen montre encore clairement l'influence du voisinage de la mer.

TEMPÉRATURE LA PLUS BASSE OBSERVÉE AVANT 1854 :

Iles Britanniques	— 20°.6	(près Londres).
France	— 31 .3	(Pontarlier, 14 décembre 1816).
Hollande et Belgique	— 24 .4	(Malines, janvier 1823).
Danemark, Suède et Norvège.	— 55 .0	(Calix).
Russie	— 43 .7	(Moscou, janvier 1836).
Allemagne.	— 35 .6	(Brême, décembre 1788).
Italie.	— 17 .8	(Turin).

Pour ne parler que de la France, nous voyons que les villes situées sur le bord de la mer n'ont jamais de bien grands froids. Les froids les plus rigoureux observés jusqu'en 1854 avaient été :

Région	Ville	Température
Littoral de l'Océan	Cherbourg	— 8.5
	Saint-Malo	— 13.8
	Nantes	— 13.0
	La Rochelle	— 16.0
Intérieur	Nancy	— 26.0
	Tours	— 25.0
	Pontarlier	— 31.3
	Lyon	— 22.9
Littoral de la Méditerranée	Montpellier	— 18.0
	Béziers	— 7.0
	Toulon	— 10.0
	Hyères	— 12.0

Dans le continent américain, à des latitudes qui sont sensiblement celles de la France, les températures sont bien plus basses, et en plusieurs endroits on y a vu le mercure se congeler à l'air libre. En janvier 1835, tandis que la température en France était au-dessus de la moyenne, on avait à Bangor, à Franconia, à Newport, des froids de — 40 degrés. Les villes du littoral, Portsmouth, New-York, Washington, étaient moins éprouvées, et le froid n'y dépassait pas — 30 degrés.

CHAPITRE III

LES VARIATIONS DE CLIMAT.

Le climat de la France a-t-il varié depuis les temps historiques? les grands hivers sont-ils actuellement plus rudes et plus fréquents, ou bien moins rudes et moins fréquents qu'autrefois? La question n'est pas facile à résoudre avec exactitude. Il est bien certain que le climat actuel n'est pas identique à celui des premiers siècles de notre ère, et tous les savants admettent sa variation; mais il est bien difficile de fixer la valeur de ces variations, plus difficile encore de savoir si les extrêmes de froid et de chaud ont varié dans un sens ou dans l'autre.

Les nombreux exemples que nous avons cités démontrent qu'il y avait en France de grands hivers sous la domination romaine, et qu'il n'a pas cessé d'y en avoir depuis cette époque. Il ne semble pas, autant qu'on peut en juger par des renseignements incomplets, qu'ils aient été à aucune époque sensiblement plus nombreux ou moins nombreux qu'actuellement. Mais il est impossible d'en fixer exactement la rigueur. Cependant l'étude que nous avons faite du dernier grand hiver, celui de 1879, nous a montré d'une manière absolument certaine que cet hiver a été à peu près aussi rigoureux que tous ceux dont nous parle l'histoire. Tous les effets du froid se sont produits dans cette dernière année avec une intensité aussi grande que jamais, et si les conséquences en ont été moins tristes, c'est aux progrès de la civilisation que nous le devons.

Si cela n'avait pas été absolument en dehors du cadre de

notre ouvrage, il nous aurait été tout aussi facile de montrer que l'hiver 1877-1878 a été aussi doux qu'aucun des plus doux hivers de l'histoire, que l'été 1879 a été aussi froid que les plus froids.

Il ne semble donc pas que, dans leurs variations extrêmes, les saisons présentent actuellement des caractères différents de ceux qu'elles ont toujours présentés. Et cependant que de protestations n'entendons-nous pas tous les jours! Chaque fois, et cela arrive souvent, qu'un hiver ou qu'un été ne présente pas exactement les caractères qu'on attend de lui, chacun déplore le dérèglement des saisons. Sur ce point, nous savons à quoi nous en tenir, et nous avons vu qu'au moyen âge ce prétendu renversement des saisons se produisait comme maintenant, faisait crier comme maintenant, et s'affirmait souvent par de désastreuses conséquences.

Oui, il y a deux mille ans, il y a mille ans, comme aujourd'hui, on avait des hivers rigoureux succédant à des hivers trop doux; alors, comme maintenant, on voyait quelquefois les arbres se couvrir de fleurs en janvier et la neige tomber en avril. Le printemps oubliait le plus souvent de se montrer à l'heure dite, et l'on passait rapidement, presque sans transition, des frimas de la saison froide aux chaleurs accablantes de l'été. Il en est encore ainsi de nos jours. Sans doute il arrive une fois par hasard aux mois d'avril et de mai de nous offrir les charmantes douceurs chantées par les poètes; mais que ces printemps délicieux sont rares! qu'ils étaient rares aussi aux époques qui ont précédé la nôtre!

Cessons donc de croire et de dire, à chaque hiver plus rude ou plus doux que la moyenne des hivers, à chaque printemps pluvieux, à chaque été sans soleil, que les saisons sont bouleversées, que rien de semblable n'arrivait autrefois. Les historiens, et, plus récemment, les observations météorologiques précises, sont là pour nous prouver que les saisons n'ont jamais eu un cours plus régulier qu'aujourd'hui.

Ce n'est donc pas dans les variations extrêmes et anormales des saisons qu'il nous faut chercher des preuves de la variation du climat de la France; mais nous pouvons nous demander si la température moyenne normale est demeurée invariable depuis les temps historiques; si, la température moyenne restant la même, l'écart normal de l'été à l'hiver n'est pas devenu plus grand ou plus petit; si notre climat est devenu plus continental ou plus océanique.

Les observations thermométriques directes sont jusqu'à présent impropres à montrer ces variations. Elles ne remontent qu'à deux siècles à peine, et depuis cette époque elles ont été faites dans des conditions si variables, si peu déterminées, qu'elles ne sont pas comparables entre elles, pas même celles faites à l'Observatoire de Paris. Le seul appareil actuel qui soit en état de nous renseigner sur les variations de la température moyenne est le thermomètre de Lavoisier, placé dans la cave la plus profonde de l'Observatoire de Paris, à l'abri des variations diurnes et annuelles; mais ses indications, qui se sont compliquées, à l'origine, des variations dans la position du zéro, ne permettent encore de conclure à aucune modification certaine.

Le climat de l'Angleterre semble au contraire se réchauffer assez rapidement pour que ce soit déjà sensible au thermomètre. D'après M. Glaisher, chargé de la météorologie à l'Observatoire de Greenwich, la température moyenne de Londres se serait accrue d'un degré depuis un siècle; ce réchauffement aurait porté surtout sur les mois d'hiver. Des variations analogues ont été constatées en Allemagne, en Suisse, au Groenland, en Sibérie; ces pays sont devenus plus froids.

Puisque le thermomètre ne nous indique rien pour la France, il nous faut avoir recours à d'autres documents. L'examen des végétaux nous fournira le meilleur. Chaque plante demande, en effet, pour prospérer, une certaine quantité de chaleur, et quand nous verrons les cultures aller vers le nord ou rétrograder du côté du midi, nous serons presque en droit de conclure à un accroissement ou à un abaissement de la température moyenne, ou tout au moins de la température de l'été.

Le docteur Fuster a principalement recueilli, par un immense travail d'érudition, toutes les preuves à l'appui de sa thèse, pour démontrer que des variations continuelles se sont produites dans le climat de la France. Suivons rapidement le docteur Fuster dans ses recherches depuis l'origine des temps historiques de notre pays.

D'après César, Diodore de Sicile, Strabon, Tite-Live, Sénèque, Pline, Plutarque, le climat de la Gaule était froid et humide. Les hivers étaient longs et rigoureux, les étés courts et pluvieux. L'olivier, le figuier, la vigne même, ne pouvaient porter de fruits, et les Gaulois, fort avides cependant du vin que leur sol était impropre à produire, étaient réduits à le remplacer par la bière. La Gaule Narbonnaise seule était presque aussi favorisée que l'Italie. Mais à partir du sixième siècle de notre ère, le climat semble être devenu plus clément, et l'amélioration est telle que nous voyons au neuvième siècle la vigne cultivée sur tout le territoire. La Bretagne, la Normandie, la Picardie, dans lesquelles le raisin ne mûrit plus, avaient des vignes, et des vignes qui produisaient du vin chaque année. La culture de la vigne s'arrête actuellement dans le département de l'Oise. Dans les régions qui produisent actuellement du vin, les vendanges avaient lieu bien plus tôt que maintenant; les côteaux très élevés, sur lesquels aujourd'hui le raisin n'arrive plus à maturité, avaient des vendanges très régulières.

Cette amélioration du climat dura pendant quelques siècles. Arago rapporte qu'en 1552 les huguenots se retirèrent à Lancié, près Mâcon, et qu'ils y burent du vin muscat du pays. Le raisin muscat ne mûrit pas assez maintenant dans le Mâconnais pour qu'on puisse en faire du vin.

Aujourd'hui, la culture de la vigne, du figuier, de l'olivier, ont opéré de nouveau une retraite vers le sud.

D'après M. de Gasparin, et, plus récemment, d'après M. Reclus, ces changements de climat, conclus de la progression des cultures vers le nord ou vers le sud, ne sont peut-être qu'apparents. « Dans ce mouvement de retraite des végétaux cultivés, dit M. Reclus, comment faire la part du climat et des convenances de l'agriculture? Telle plante qui donnait de médiocres produits sous un ciel inclément n'en était pas moins cultivée quand les communications avec les contrées à climat plus doux étaient rares encore ; la facilité moderne des échanges a rendu ces cultures désormais inutiles, et par suite leur domaine s'est rétréci. »

Cette thèse, vraie en général, n'est pas soutenable pour un certain nombre de cas. Il est aisé de démontrer, par exemple, que les vins de la Normandie étaient bons au neuvième siècle. Plus tôt même, en 360, l'empereur Julien faisait servir à sa table du vin de Suresnes, et il le trouvait excellent. Les vins bretons, normands, étaient fort estimés, et par des gens qui jugeaient les vins aussi bien que nous le ferions de nos jours. Les vins de Bordeaux, de Bourgogne, de Champagne, étaient dès le moyen âge considérés comme les meilleurs de France, et les points de comparaison ne manquaient pas. Et cependant les ducs, les rois, les moines même estimaient fort les vins de régions qui aujourd'hui n'en produisent plus.

Mais l'adoucissement du climat ne devait pas durer toujours. Dès le douzième siècle, la détérioration commence; les vignes rétrogradent peu à peu, de même que le figuier et l'olivier. Les vins de Bretagne et de Normandie deviennent mauvais, puis ils disparaissent, et peu à peu le climat prend les caractères que nous lui connaissons aujourd'hui.

Pour tous les auteurs, ces changements de climat ne sont pas aussi considérables, ni aussi certains. Le comte de Villeneuve, de Gasparin, de Candolle, les nient presque complètement; Arago en admet une partie; Fuster cherche à démontrer que le climat de la France a toujours changé, qu'il change actuellement et qu'il changera toujours. « Dans tous les cas, dit M. Reclus, les modifications subies par les climats pendant la période historique n'ont encore qu'une faible importance relative; mais celles qui se sont opérées durant les âges géologiques récents ont suffi pour déplacer les faunes, les flores et les races sur d'immenses étendues. On le sait par les traces qu'ont laissées les anciens glaciers des Alpes, des Pyrénées, des Vosges, dans des vallées aujourd'hui populeuses. On le voit aussi par les espèces animales et végétales qui ont dû changer d'aire, d'habitation, pour fuir devant un climat contraire. »

Quelles sont les causes des variations qui se sont produites dans notre climat pendant la période historique?

La première, la plus importante peut-être, est l'action des agents atmosphériques à la surface du globe. Tandis que la croûte terrestre, encore mal assise, est sujette à des mouvements lents, mais continuels, qui tendent à modifier le relief du sol, les agents atmosphériques agissent d'un autre côté. Sous l'action combinée de l'air, agent chimique; de la gelée, de l'humidité, des eaux errantes, agents physiques, les montagnes tendent à descendre dans les plaines, les continents comblent le fond des mers. Peu à peu le relief change, et par suite se modifient les mille circonstances secondaires qui participent à la fixation du climat. Puis vient l'action, incessante aussi, et non moins puissante de l'homme. L'homme, depuis son arrivée sur la terre, l'a modifiée de telle sorte qu'elle n'est plus reconnaissable. Les forêts, autrefois immenses et nombreuses, diminuent de plus en plus et sont remplacées par des cultures; les lacs et les étangs sont desséchés en grand nombre; les rivières, maintenues dans leurs lits, ne se répandent plus à chaque instant dans les campagnes; les marais sont changés en terres cultivées. L'action de ces transformations sur le climat est considérable; malheureusement, cette action ne se produit pas toujours à notre avantage. On peut dire d'une manière générale que les forêts, comparables à la mer sous ce rapport, atténuent les différences naturelles de température entre les diverses saisons, tandis que le déboisement écarte les extrêmes de froidure et de chaleur, et donne une plus grande violence aux courants atmosphériques. Le défrichement des terres incultes, l'assainissement des marais tend, au contraire, à rapprocher les extrêmes, à rendre le climat plus constant.

L'Amérique, soumise d'hier à l'action énergique de l'homme civilisé, a subi les plus rapides modifications. D'après M. Boussingault, les hivers y sont devenus moins rigoureux, les étés moins chauds; en même temps la température moyenne s'est légèrement accrue.

CHAPITRE IV

LA PÉRIODICITÉ DES GRANDS HIVERS ET LA PRÉVISION DU TEMPS.

Nous l'avons vu, le climat de la France a changé et changera toujours. Mais ces changements sont assez lents pour qu'on les néglige quand on ne considère qu'un petit nombre de siècles. Ils ne modifient pas d'une manière sensible la succession des saisons qui, aujourd'hui comme autrefois, se suivent et ne se ressemblent pas. Des hivers doux succèdent à des hivers rigoureux, des étés chauds à des étés sans soleil, sans qu'il semble possible de distinguer dans ces variations capricieuses une loi fixe qui en détermine le caractère.

Beaucoup de météorologistes se sont cependant occupés de rechercher cette loi, de prédire, longtemps à l'avance, les caractères généraux des saisons. Les systèmes abondent, tous empiriques, le plus souvent en opposition avec les faits; mais, au milieu des immenses séries d'observations, la loi reste encore à trouver. Les grands hivers se succèdent-ils avec une certaine régularité? Cette question ne date pas d'aujourd'hui. Nous lisons, en effet, dans l'*Histoire de Provence,* de Papon, que les grands hivers se reproduisent de telle sorte « que l'on serait presque tenté de croire qu'il y a dans la nature des retours périodiques qui ramènent les mêmes phénomènes à des époques à peu près semblables. »

Au dix-huitième siècle, on cherchait déjà à rattacher les variations anormales des saisons à des causes cosmiques, parmi lesquelles les taches du soleil arrivaient en première ligne.

Maraldi écrivait, en 1720, dans une communication à l'Académie des sciences : « Quelques-uns se sont imaginé que le plus et le moins de chaleur qui règne dans la même saison en différentes années pouvoit venir des taches qui se rencontrent en même temps dans le soleil, et comme, lorsqu'il est taché, il n'envoye pas un si grand nombre de ses rayons à la terre, les chaleurs doivent être moins grandes que lorsqu'il n'a point de taches. Mais les expériences que nous avons des années précédentes montrent que cette explication n'est pas suffisante. »

Quelques années plus tard, en 1726, il y revient : « Il y a eu, dit-il, pendant presque toute l'année, un grand nombre de taches dans le soleil, et quelquefois plus grandes que n'est la surface de la terre, ce qui n'a pas empêché que nous n'ayons eu de grandes chaleurs. La même chose est arrivée en 1718 et 1719. »

De nos jours, on est revenu à cette considération des taches du soleil, et à la recherche de l'influence des causes cosmiques sur les variations des saisons. D'après certains météorologistes, et parmi eux quelques-uns des plus distingués, le soleil, la lune, joueraient le plus grand rôle dans ces variations, et de la périodicité de leurs positions dans le ciel résulterait une périodicité analogue dans la succession des saisons. Il semble pourtant bien difficile d'admettre que des causes cosmiques, essentiellement générales, produisent une si singulière répartition des grands froids que l'on puisse voir au même moment à Paris des rigueurs excessives, et au Havre des températures printanières. On ne saurait expliquer ces différences qu'en accordant aux causes locales une influence prépondérante, et alors que deviendrait la cause cosmique?

Est-ce à dire qu'on n'arrivera jamais à déterminer à l'avance le caractère général des saisons? Qu'on ne résoudra jamais le problème plus difficile encore de la prédiction exacte du temps? Non, sans doute; mais la solution nous semble encore bien lointaine...

Arago niait formellement la possibilité de prédire le temps. « Jamais, écrivait-il, une parole sortie de ma bouche, ni dans l'intimité, ni dans les cours que j'ai professés pendant plus de quarante annéee, n'a autorisé personne à me prêter la pensée qu'il serait jamais possible, dans l'état de nos connaissances, d'annoncer avec quelque certitude le temps qu'il fera une année, un mois, une semaine, je dirai même un seul jour d'avance. » Voilà pour le présent, et jusque-là il avait raison; mais il poursuit : « Jamais, quels que puissent être les progrès des sciences, les savants de bonne foi et soucieux de leur réputation ne se hasarderont à prédire le temps. » Et il ajoutait, paraît-il, dans la conversation : « Quiconque veut cesser d'être regardé comme un savant doit se mettre à prédire le temps. »

Cette conviction, si fortement exprimée, était le fruit de longues méditations. Arago ne niait pas l'existence des causes générales qui peuvent agir d'une manière, toujours la même, pour régler le temps; mais il admettait que les causes perturbatrices devaient dans tous les cas amener des modifications impossibles à prévoir. Il énumère ces causes perturbatrices non susceptibles d'être prévues. Ce sont : la progression des glaces polaires du côté de l'équateur, l'état de diaphanéité ou de phosphorescence de la mer, la mobilité de l'atmosphère, les obscurcissements accidentels de l'atmosphère, et les travaux des hommes sur les forêts, les marais, les lacs, le dévelöppement des villes.

Il est aisé de voir que toutes ces causes n'ont pas la même importance. Ce ne sont pas les travaux des hommes qui s'opposeront jamais à la prévision du temps; car ils ne modifient le climat que d'une manière lente et insensible. Les variations de diaphanéité et la phosphorescence de la mer, qui la rendent plus ou moins propre à absorber les rayons du soleil, sont des phénomènes locaux, temporaires, dont l'influence est certainement négligeable.

Celle de la progression des glaces polaires est plus importante. Il est certain que la dislocation des champs de glace des régions polaires, qui peuvent amener vers les latitudes tempérées d'immenses amas de glace non encore fondue, détermine en certaines années un refroidissement de nos côtes.

Ainsi, nous lisons dans les *Mémoires de l'Académie des sciences pour l'année 1725* : « Dans la grande mer qui est entre notre continent et l'Amérique, ordinairement on ne trouve plus de glaces dès le mois d'avril en deçà des 67e et 68e degrés de latitude septentrionale, et les sauvages de l'Acadie et du Canada disent que quand elles ne sont pas toutes fondues dans ce mois-là, c'est une marque que le reste de l'année sera froid et pluvieux. Mais M. Deslandes, qui depuis plusieurs années séjourne à Brest, et qui est en relation avec nos principales colonies, a su que cette année les glaces n'étaient pas fondues au mois de juin, et que les vaisseaux français qui vont à la pêche de la morue en ont trouvé des montagnes et des îles flottantes par le 41e et le 42e degré de latitude, spectacle qui leur était nouveau. Le 15 juin, deux vaisseaux pensèrent être surpris de ces mêmes glaces vers le 45e degré. Il se pourrait que le froid ou le peu de chaleur de l'été qu'on a eu en Europe tînt à cette cause, du moins en partie. Les météores d'un pays dépendent souvent de ceux d'un autre; ils sont tous en commerce, quelque éloignés qu'ils soient. »

Plus près de nous, M. Renou a attribué le froid de l'été de 1816 à une grande débâcle des glaces polaires.

Voici donc une cause accidentelle qui peut amener dans certaines années d'importantes modifications dans nos climats. Mais, d'une part, elle intervient rarement et peut-être, en outre, se produit-elle dans des circonstances déterminées qu'on arrivera à connaître, de façon à tenir compte de ces débâcles dans la prévision du temps.

Reste enfin, parmi les causes perturbatrices d'Arago, la mobilité de l'atmosphère et ses obscurcissements accidentels, en un mot les mouvements de l'atmosphère. Toutes les autres causes accidentelles ne sont rien à côté de celle-là, ou plutôt celle-là les contient et les résume toutes. Le but des météorologistes actuels est justement de déterminer les lois de ces mouvements, d'où dépendent tous les changements de temps.

Progression des glaces polaires du côté de l'équateur.

Cette mobilité, ils la considèrent comme la cause principale qu'ils cherchent à connaître dans toutes ses manifestations. Ce but, ils l'atteindront, ils en ont tous la ferme espérance ; et si Arago revenait, loin de persister dans son dédain pour ceux qui veulent prédire le temps, il se mettrait à leur tête pour les encourager et les diriger.

« Bien que je ne puisse réclamer, disait M. Robert H. Scott en 1873, ni pour moi, ni pour aucun météorologue, des progrès décisifs vers ce qu'on a si bien appelé la splendide possibilité de prédire la nature des saisons, j'espère cependant vous prouver que les progrès sont assez sérieux pour permettre de classer au nombre des sciences la connaissance du temps. »

Mais cette science ne peut se former tout d'un coup; et, comme les autres, elle ne peut faire que de lents progrès. « La météorologie, dit M. Angot, est une science tellement récente qu'on se saurait trop exiger d'elle. Constituée seulement d'hier, son développement commence à peine, et elle rencontre pour cela plus de difficulté que toute autre science. Seule, en effet, elle nécessite le concours d'un grand nombre de personnes, même de nations. Un observatoire suffit à l'astronome, un laboratoire au chimiste, au physicien, au naturaliste; pour faire utilement de la météorologie, il faudrait des milliers d'observateurs sur terre comme sur mer; il faudrait que la surface entière du globe fût surveillée de telle sorte qu'on pût retrouver l'origine, suivre la marche entière et constater la disparition de toutes les perturbations atmosphériques. Bien que les plus grands efforts soient faits pour atteindre ce résultat, nous en sommes loin encore.

» Il faudrait ensuite, dans quelques années, quand les données précises auront été multipliées, créer un enseignement pour la météorologie comme il en existe pour toute science; c'est là encore une condition indispensable de progrès, la seule qui puisse faire des météorologistes, comme on fait des mathématiciens, des physiciens et des naturalistes.

» Il ne vient guère aujourd'hui à l'esprit de personne qu'on puisse d'un jour à l'autre devenir astronome sans avoir appris l'astronomie, médecin sans avoir suivi des cours de médecine. Tout le monde, au contraire, se croit volontiers autorisé à imaginer une théorie météorologique sans avoir à s'embarrasser un seul instant d'études préalables. Aussi la météorologie est-elle malheureusement la partie de la science qui est le plus envahie par les conceptions *à priori* et les théories les plus étranges, les plus fantaisistes. Tantôt pour expliquer une année exceptionnelle on va invoquer l'éruption d'un volcan; tantôt on profite de ce que le Sahara est désert, et que nul ne peut

Il faudrait des milliers d'observatoires sur terre...

dire ce qui s'y passe, pour l'accuser de toutes les perturbations. Autrefois, quand nous ne recevions pas d'observations d'Amérique, on faisait naître sur l'Atlantique toutes les tempêtes qu nous arrivent par l'ouest. Plus tard, quand les Américains eurent commencé à publier des cartes, on reconnut vite que bon nombre de ces tempêtes les avaient visités avant de nous parvenir. Les cartes américaines s'arrêtaient aux montagnes Rocheuses; c'est là qu'on mit le berceau des tempêtes, et une théorie vint bientôt montrer qu'elles devaient en effet s'y former sur place. Quelques années plus tard, les Américains étendirent leurs observations jusqu'au Pacifique, et l'on vit les dépressions barométriques arriver par l'ouest sur la Californie et franchir les montagnes Rocheuses en dépit des théories qui les y faisaient naître. Il va donc falloir reporter plus loin encore leur berceau. On pourrait presque en dire autant du plus grand nombre des théories en météorologie; ébauchées aujourd'hui sans base sérieuse et presque au hasard, elles sont destinées à disparaître demain devant la réalité des faits, ou à être modifiées de façon à devenir méconnaissables.

» Dans ces conditions, il semble qu'une seule voie soit ouverte, celle qu'ont suivie successivement toutes les sciences dont nous admirons aujourd'hui le développement : l'expérimentation. Il faut que tout le monde sache qu'il est plus utile aujourd'hui d'avoir de bonnes observations que des théories. Il faut que les météorologistes aient le courage d'envisager que la science qu'ils cultivent n'en est encore qu'à sa naissance, et qu'elle est soumise aux mêmes lois d'évolution que les autres. Dans les sciences expérimentales la théorie ne vient jamais que bien après l'observation. C'est vers celle-ci que doivent se porter tous les efforts, et quand le moment sera venu, quand le terrain sera suffisamment préparé, il viendra un Kepler ou un Newton qui édifiera sur nos travaux la théorie que nous poursuivons vainement. »

Certes, de telles espérances sont bien faites pour donner du courage aux observateurs, surtout quand on envisage la grandeur du but à atteindre : « La connaissance anticipée des alternatives du climat sera, dit M. Reclus, une des plus grandes conquêtes de l'homme. Déjà maître du présent par le travail, il le deviendra aussi de l'avenir par la science. Cette terre qu'il dit lui appartenir sera véritablement sienne ; il en utilisera la force productive à son gré et fera servir toutes les vies inférieures, animaux et plantes, aux conforts de sa propre vie ;

mais, devenu possesseur de la terre, qu'il le devienne aussi de lui-même ; qu'il triomphe enfin de ses propres passions, et qu'il apprenne à vivre en paix sur cette planète si souvent arrosée de sang ! Que la terre puisse mériter bientôt le nom de « bienheureuse », que lui ont donné les peuples enfants ! »

FIN

TABLE DES GRAVURES

TABLE DES MATIÈRES

LIVRE IV

LE GRAND HIVER DE 1879-1880

LIVRE V

LES GRANDS FROIDS ET LES CLIMATS

PARIS. — TYPOGRAPHIE DU MAGASIN PITTORESQUE
(JULES CHARTON, ADMINISTRATEUR DÉLÉGUÉ)
rue des Missions, 15

www.ingramcontent.com/pod-product-compliance
Ingram Content Group UK Ltd.
Pitfield, Milton Keynes, MK11 3LW, UK
UKHW031833260826
14628UKWH00001B/363

9 782019 163839